UI界面设计
与制作案例教程

主编 傅 伟

北京希望电子出版社
Beijing Hope Electronic Press
www.bhp.com.cn

内容简介

本书以"案例精讲→知识讲解→经验之谈→上手实操"为主线，对 UI 设计的基础知识及其设计应用进行了全面介绍。全书共分 6 章，第 1 章主要讲述 UI 设计的基础知识；第 2～6 章按照 UI 设计的各应用场景进行介绍，分别讲述网页 UI 设计、移动 UI 设计、图标设计、软件界面设计、游戏界面设计等内容。

本书结构合理，图文并茂，易教易学，适合作为 UI 设计与制作相关课程的教材，也可作为广大 UI 设计制作人员的参考用书。

图书在版编目（ＣＩＰ）数据

UI 界面设计与制作案例教程 / 傅伟主编. -- 北京：北京希望电子出版社, 2022.8

ISBN 978-7-83002-840-4

Ⅰ. ①U… Ⅱ. ①傅… Ⅲ. ①人机界面－程序设计－高等学校－教材 Ⅳ. ①TP311.1

中国版本图书馆 CIP 数据核字(2022)第 152140 号

出版：北京希望电子出版社

地址：北京市海淀区中关村大街 22 号

中科大厦 A 座 10 层

邮编：100190

网址：www.bhp.com.cn

电话：010-82620818（总机）转发行部

010-82626237（邮购）

传真：010-62543892

经销：各地新华书店

封面：库倍科技

编辑：全　卫

校对：付寒冰

开本：787 mm×1092 mm　1/16

印张：15.5

字数：367 千字

印刷：北京昌联印刷有限公司

版次：2023 年 1 月 1 版 2 次印刷

定价：48.00 元

前言

计算机、互联网、移动网络技术的迭代更新为数字创意产业提供了硬件和软件基础，而Adobe、Corel、Autodesk等企业提供了先进的软件和服务支撑。数字创意产业的飞速发展迫切需要大量熟练掌握相关技术的从业者。2020年，中国第一届职业技能大赛将平面设计、网站设计与开发、3D数字游戏、CAD机械设计等技术列入竞赛项目，这一举措引领了高技能人才的培养方向。

职业院校是培养数字创意技能人才的主力军。为了培养数字创意产业发展所需的高素质技能人才，我们组织了一批具备较强教研能力的院校教师和富有实战经验的设计师共同策划编写了本书。本书注重数字技术与美学艺术的结合，以实际工作项目为脉络，旨在使读者能够掌握UI设计、视觉设计、创意设计、数字媒体应用开发、内容编辑等方面的技能，成为具备创新思维和专业技能的复合型人才。

写/作/特/色

1. 项目实训，培养技能人才

对接职业标准和工作过程，以实际工作项目组织编写，注重专业技能与美学艺术的结合，重点培养学生的创新思维和专业技能。

2. 内容全面，注重学习规律

将UI设计的知识技能融入经典案例，便于知识点的理解与吸收；采用"案例精讲→知识讲解→经验之谈→上手实操"的编写模式，符合轻松易学的学习规律。

3. 编写专业，团队能力精湛

选择具备先进教育理念和专业影响力的院校教师、企业专家参与教材的编写工作，充分吸收行业发展中的新知识、新技术和新方法。

4. 融媒体教学，随时随地学习

教材知识、案例视频、教学课件、配套素材等教学资源相互结合，互为补充；二维码轻松扫描，随时随地观看视频，实现泛在学习。

课/时/安/排

全书共6章，建议总课时为56课时，具体安排如下：

章节	内容	理论教学	上机实训
第1章	UI设计基础	4课时	2课时
第2章	网页UI设计	4课时	6课时
第3章	移动UI设计	4课时	6课时
第4章	图标设计	4课时	6课时
第5章	软件界面设计	4课时	6课时
第6章	游戏界面设计	4课时	6课时

　　本书结构合理，讲解细致，特色鲜明，侧重于综合职业能力与职业素质的培养，融"教、学、做"于一体，适合应用型本科院校、职业院校、培训机构作为教材使用。为方便教学，本书还为用书教师提供了与书中内容同步的教学资源包（包括课件、素材、视频等）。

　　本书由傅伟担任主编，其在长期工作中积累了大量经验，在写作过程中始终坚持严谨、细致的态度，力求精益求精。由于水平有限，书中疏漏之处在所难免，希望读者朋友批评指正。

编　者

2022年8月

目录

第3章 移动UI设计

第4章 图标设计

第5章 软件界面设计

第6章　游戏界面设计

第1章 UI 设计基础

内容概要

　　本章对UI设计的行业现状、相关概念、项目流程、风格表现及学习方法进行了系统讲解。通过本章的学习，读者可以对UI设计有一个全面的了解，有助于高效、便利地进行后续的UI设计工作。

知识要点

- 了解UI设计的基本概念和UI设计流程
- 了解UI设计的色彩规范
- 学习界面布局要素

数字资源

【本章素材来源】："素材文件\第1章"目录下

1.1　了解UI设计

UI即User Interface的缩写，中文名称为用户界面，UI设计即用户界面设计。UI设计是指对软件的人机交互、操作逻辑、界面美观性的整体设计。

1.1.1　UI设计的概念

UI设计是指用户与软件界面的关系，包括人机交互原理和视觉传达原理等。UI设计既作用于用户又承接着程序本身。

以图1-1所示的APP界面为例，手机上显示的界面就是UI设计的成果，通过这个界面向手机传达指令，手机会根据这条指令做出相应的反馈。

图 1-1

1.1.2　UI设计的原理

当下，"用户体验感"越来越受到重视。因此，UI设计师在设计过程中，不仅要展示独特的设计思维，更重要的是能够呈现出一种完美的"用户体验感"。

下面学习UI设计的一些基本原理。

1. 可预测性

界面设计应在合理的时间内及时地向用户反馈信息。当用户使用时，要能预料到发生了什么，可以预测的互动会让用户建立起对品牌和产品的信任，并成功地与之产生交互。用户的每一个操作，都能得到清晰的传达和相应的反馈，这样会让用户感到拥有掌控权，会令用户产生安全感，从而吸引用户重复使用。

图1-2展示的是用户看得见的进度，这样用户就会感到拥有掌控权。

图 1-2

2. 一致性

设计原则要贯穿产品设计的始终，包括视觉、交互等方面。

在视觉层面，一致性表现为图标、风格、颜色、字体等元素的一致。在单个产品中，如果所做的产品不能保持视觉一致性，就会给人一种很杂乱的感觉，像是拼凑出来的。在交互层面一般表现为界面切换的一致性。同一个产品，其交互方式是一致的，如图1-3所示，界面的色调、卡片式风格、字体等都表现出很强的系列感。

图 1-3

3. 用户语言

应使用用户熟悉的语言传达产品的内涵，而不是使用业内专业用语。UI设计师在设计时要明确用户群体，要从用户的角度出发去思考、去设计。在UI设计师和程序员所属的圈子里，有属于自己行业的专业术语、概念等，如果直接对用户使用这些专业用语，用户会感到不清楚、不明白，以至产生困惑。如果使用用户熟悉的语言，用户就会轻松地理解并操作产品，如图1-4所示。

4. 认知负担最小化

人类的短时记忆是有限的。在UI界面设计中，不要为用户提供冗长的教程去学习和记忆，而应最大程度地减少用户的认知压力，为用户提供认知帮助，提供给用户确认信息而不是去记忆信息。在图1-5所示的界面中，为用户提供了搜索记录以及热门搜索，可以减少用户的认知压力，高效交互。

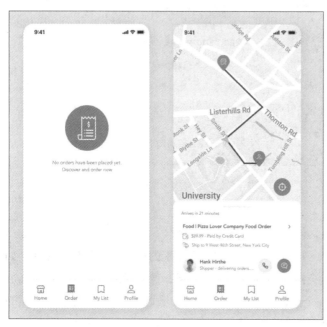

图1-4　　　　　　　　　　　　　　　　　　　图1-5

5. 灵活高效性

优秀的UI设计都具有一个共同的特征：高效。它既适用于老用户，又能够满足新用户，在界面交互设计基础上尽可能简化流程，使用户高效率完成任务。例如，提供快捷入口，让新老用户都能快捷高效地使用产品，如图1-6所示。

图1-6

6. 简易性

优秀的UI界面不需要华丽的装饰和一些无关的信息，界面上每个额外的元素都会与关键信息产生不必要的竞争，从而降低用户的使用效率。设计UI的时候，添加的每一个元素都应是必须的，且不会影响用户完成任务。设计需专注于用户的体验，要保证关键内容与视觉设计保持在重点之上，如图1-7所示。简约的设计，方便用户浏览信息，越重要的内容越突出，通过颜色、大小、字体色彩的深浅等来表现，层次清晰，降低干扰。

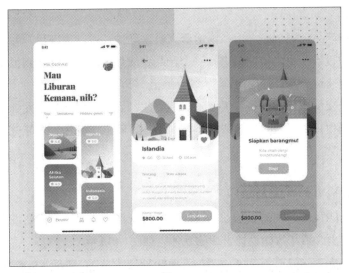

图 1-7

1.1.3　UI设计的流程

无论是从零开始打造一个产品，还是对产品进行迭代更新，一定要由有不同技能的角色分工合作。想要保证以最高效的方式做出具备市场竞争力的产品，就一定需要规范的设计流程。

UI设计师的工作流程大致可以分为五步，如图1-8所示。

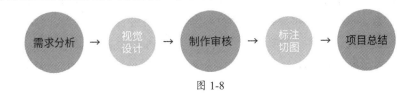

图 1-8

1. 需求分析

在设计一个产品之前，UI设计师需要清楚地知道并确认项目的具体要求，也要与产品经理进行有效的沟通。通过详细了解产品需求，可以降低在设计过程中的返稿率，大大提高工作效率。

2. 视觉设计

产品需求分析完成后，下一步需要UI设计师确认一个设计方向和设计思路，去探索构思项目风格、色调等，再加上自己的创意，进行头脑风暴创作。

3. 制作审核

这一阶段首先是UI设计师进行制作，考验的是设计师对各种软件的操作熟练度和创新能力以及对人机交互的思维能力等。设计师制作完成之后需要产品经理进行审核，这里考验的是设计师的沟通协调能力、语言表达能力和交互设计的逻辑性。

4. 标注切图

设计稿确认后，需要与前端工程师进行对接。对接的内容包括标注方式、切图尺寸、命名规则等。

5. 项目总结

这个流程是在产品正式上线之后，由运营人员去维护，通过整理用户的反馈信息，进行修改、完善，同时UI设计师也要持续跟进。一个产品投放到市场后还会遇到很多问题，整理这些问题，后续还要持续对产品进行优化。

UI设计是一个交替迭代的过程，需要不断地修改和优化，包括从开发到上线整个过程，设计师都必须参与到项目中，只有从多方面了解产品，了解工作流程，才能做出符合市场需求、符合用户需求的产品。

1.1.4 UI设计的常用软件

软件的运用是UI设计的刚需和基础，设计师即使有再好的想法，但如果不能通过软件制作出来也是徒劳。这里介绍几款UI设计常用的软件，如图1-9所示。

图 1-9

1. Photoshop软件

Adobe Photoshop，简称"PS"，是Adobe公司开发的一款位图图像处理软件，主要用于处理由像素组成的数字图像，在平面设计、后期处理、网页设计、三维设计等领域广泛应用，深受广大设计人员及设计爱好者的喜爱。在UI设计中，Photoshop主要用于界面设计、图标设计，是UI设计过程中的核心软件。

2. Illustrator软件

Adobe Illustrator，简称"AI"，是Adobe公司开发的一款矢量图形处理软件，主要用于绘制图标、插画、界面等。

3. Axure RP软件

Axure RP是一款专业的原型交互类软件，能快速、高效地创建原型，在UI设计中用于制作交互原型图。

4. Sketch软件

Sketch是一款很好的界面设计类软件，与Photoshop很像，可以用来制作扁平化的界面设计，但是目前的Sketch软件只有苹果电脑版，所以有局限性。

5. Experience Design软件

Adobe Experience Design，简称"XD"，是Adobe公司推出的一款交互原型类软件，可以快速进行APP界面设计和网页设计等，是UI设计师必备的设计工具。

若要从事UI设计，需要了解UI的工作内容，包括界面设计、图标设计、网页设计、动效设计、交互原型设计，有时也会涉及3D渲染和思维导图的制作。这些工作需要用到许多不同的软件，对初学者来说，掌握几款核心软件，就足以胜任UI设计工作了。建议初学者先掌握Photoshop和Illustrator软件。

1.2 UI色彩设计

1.2.1 色彩是什么

自然界向人们展现着绚丽多彩的色彩，而这缤纷绚丽和千变万化的物体色彩是源于光的照射。可以说，色彩始于光，也源于光，有了光我们才得以见到自然界中各类物体的色彩，获得对客观世界的认识；相反没有光，我们就如同置身于黑暗的世界，什么也看不见。所以，色彩是光照射的结果，光线的强弱决定色彩的强烈程度，借助于强光线我们所看物体的色彩强烈，光线弱物体的色彩模糊，如果光线消失，色彩在我们的视野里也会消失。

由此，人们要想看见色彩，必须具备以下3个基本条件：

一是光，光是产生色彩的条件，色彩是光被感知的结果，即无光就无色彩。

二是物体，只有光线而没有物体，人们依然不能感知色彩。

三是眼睛，人眼中有视觉感色蛋白质，大脑可以辨识色彩。

人的眼睛与光线、物体有密不可分的关系，三个条件缺一不可。

从这个意义上讲，光、物体、眼睛和大脑发生关系的过程才能产生色彩。人们要想看到色彩必须先有光，这个光可以是太阳光等自然光源，也可以是灯光等照明设备发出的人造光源，当光线照射到物体上，物体吸收了部分光，而反射出来的光线被我们的眼睛看到，视觉神经将这种刺激传递给大脑的视觉中枢，我们才能看到物体，看到色彩，如图1-10所示。

图 1-10

1.2.2 色彩三属性

色彩完全不具备任何客观存在，没有任何东西是"颜色"本身，可以像实物一样放在桌上或者钉在墙上。色彩是一种体验，世界上没有两个人能够以完全相同的方式观看色彩。

自然界的物体五花八门、变化万千，它们本身虽然大多不会发光，但都具有选择性地吸收、反射、透射色光的特性。当然，任何物体对色光不可能全部吸收或反射，因此，实际上不存在绝对的黑色或白色。

色彩三属性，是指色彩具有的色相、明度、纯度3种性质。三属性是界定色彩感官识别的基础，灵活应用三属性变化是色彩设计的基础。

1. 色相

色相是指色彩的相貌。在色彩的三种属性中，色相被用来区分颜色。根据光的不同波长，色彩具有红色、黄色或绿色等性质，这被称为色相。黑白没有色相，为中性。

2. 明度

根据物体表面反射光的程度不同，色彩的明暗程度就会不同，这种色彩的明暗程度被称为明度。在孟塞尔颜色系统中，黑色的明度被定义为0，而白色被定义为10，其他系列灰色则介于两者之间。

3. 纯度

纯度指的是色彩饱和程度，光波波长越单纯，色相纯度越高，相反，色相的纯度越低。色相的纯度显现在有彩色里。在孟塞尔颜色系统中，无纯度被设定为0，随着纯度的增加，数值逐步增加。

色相、明度和纯度3种概念使得描述颜色的许多特征成为可能。其中，每个词语都描述了有关颜色的一个独立概念。之所以称这些概念是各自独立的，只是为了研究。每种颜色都存在以上三种属性，各种颜色的不同之处总是可以从色相、明度和纯度3个方面加以描述，如图1-11所示。

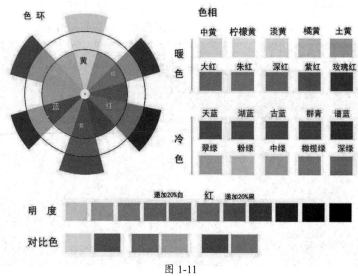

图 1-11

1.2.3 配色技巧

好的配色能够体现界面的风格与定位，表达情感和意图。

（1）避免使用单色

界面设计要避免采用单一色彩，以免产生单调的感觉。可通过调整色彩的饱和度和透明度，产生变化，使界面避免单调。

（2）使用邻近色

所谓邻近色，是指在色带上相邻近的颜色，如绿色和蓝色、红色和黄色就互为邻近色。采用邻近色设计界面，可以使界面避免色彩杂乱，易于达到整体界面的和谐统一。

（3）使用对比色

使用对比色可以突出重点，产生强烈的视觉效果。通过合理使用对比色，能够使界面特色鲜明、重点突出。在设计时一般以一种颜色为主色调，用对比色作为点缀，即可起到画龙点睛的作用。

（4）黑色的使用

黑色是一种特殊的颜色，如果使用恰当，设计合理，往往能产生很强烈的艺术效果。黑色一般用作背景色，与其他纯度色彩搭配使用。

（5）背景色的使用

背景色一般采用素淡清雅的色彩，避免采用复杂花纹的图片或高纯度的色彩作为背景色，同时背景色与文字的色彩对比要强烈一些。

（6）色彩的数量

初学者在设计界面时往往会使用多种颜色，使界面变得很"花"，缺乏统一和协调，表面上看起来很花哨，但缺乏内在的美感。事实上，界面用色并不是越多越好，一般控制在3种色彩以内，通过调整色彩的各种属性来产生变化。

1.2.4 色彩在UI设计中的运用

1. 色彩与UI设计

自20世纪70年代施乐公司研发了第一台使用"桌面化"和图形用户界面（GUI）的个人计算机，到20世纪80年代苹果公司在图形用户界面上可视性增强，UI取得了历史性的飞跃。色彩的搭配和文字的可阅读性成为界面色彩的重要内容。

心理学家认为，人的第一感觉是视觉，而对视觉影响最大的则是色彩。色彩是影响界面给人感知的第一视觉因素，不同的色彩与对象的体验差异，会产生不同的色彩感知与联想。例如，从色相上来说，红色、橙色和黄色使人兴奋、热情、充满跃动感；黄色使人联想到阳光，是一种快活的颜色；黑色显得比较庄重；蓝紫色则给人冷静、严肃之感。从明度上说，色彩越重则越让人觉得劳累、紧张，轻度的色彩则会使人放松。

色彩是用来表达软件情感最直接的一种设计元素。当我们与某种颜色接触时，能体会它的情感诉说，传递信息。合理的色彩可以使得用户在友好性方面达到更好的体验，增加用户和界面的互动。在UI设计时，应当从用户特点和习惯出发，根据用户群的特征和界面性质，变换不同色彩。

一些人对某些软件的使用会比较频繁，那么这类软件的界面就应当设计得比较清爽而简洁，色彩丰富而不花哨，在同一色系中使用不同的色彩进行区分功能，在重要处使用醒目的色彩（如大红色）作为提醒。这对于色彩敏感度不高的人来说（甚至有些人只能分辨深与浅），将会有很大的帮助。

个人用户没有特定的标准依托，范围广，面积大。设计时就先要确定产品的定位，根据不同的用户群定义他们所合适的色彩。一般来说，校园用户是年轻的群体，偏活泼的色彩能够吸引他们的目光；商务人士多数为三十到四十岁左右，成熟、稳重，偏灰而沉稳的色彩是他们所欣赏的；而对于中老年人，他们更偏好偏暗、偏灰的色彩。

2. 色彩在商业UI设计的运用

色彩设计是企业为塑造特有的企业形象而确定的某一特定的色彩或一组色彩系统，运用在所有视觉传达设计的媒体上，透过色彩特有的知觉刺激与心理反应，表达企业的经营理念、文化内涵和产品服务的特质。由于色彩具有强烈的识别效果，越来越受到人们的重视，在视觉传达中扮演着举足轻重的角色，它是企业与企业之间区别的重要特征。

企业色彩设计需要对色彩进行系统的规划、管理，以获得一套行之有效的色彩体系。首先需要科学地确定其标准色。所选择的标准色应有利于塑造企业形象，符合企业的经营理念和产品的特性，表现出企业的安定性，给人以信赖感。同时还要考虑"约定俗成"的色彩，需要了解同行业所使用的标准色，以便确定自己的标准色方向。为了在竞争中取胜，有时可以采取与众不同的色彩，以获得同行业的差异性。

标准色最常见的形式是单色标准色。它的特点是色彩集中、强烈，能给人留下深刻的印象。企业形象鲜明，传播速度快，易于识别，如图1-12所示。

图 1-12

为了塑造特定的企业形象，许多企业采用两种以上的色彩进行搭配，以获得色彩组合的最佳视觉效果，更准确地表达企业的形象特质，如百事可乐采用的红、蓝二色的组合。复合标准色的色彩一般不超过3种，色彩用得过多，会干扰人们的注意力，使企业形象模糊。即使是两种色彩搭配，也要有所侧重，分出主次，其中一个作为主色出现，如图1-13所示。

图 1-13

有时候集团类企业采用标准色结合辅助色的方法区分集团子母公司的差异，或区别企业不同部门、不同品牌、不同产品。标准色可以作为主导标色，而不同色彩的差异则表示下属公司、部门或者不同产品。在设计时应注意与标准色的协调关系，要有主有次。

1.3 UI设计的字体规范

在UI设计过程中使用合理的字体规范，能够更好地实现所要表现的设计风格，并将产品内容清晰、准确地传达给用户。

1.3.1 文字设计的要素

1. 字号

字号是UI设计中的一个重要元素，它决定着整个界面的层级关系和主次关系。字号的合理选择可以使界面层次更加分明；相反，若字号没有一定的规范性，则会让设计界面看起来杂乱不堪，极大地影响阅读体验。

字号的选择，可以遵循iOS、Android系统的基础规范，也可以根据产品的风格特点自行定义。

（1）iOS系统

iOS应用设计时要注意字号的大小。苹果官网的建议全部是针对英文SF字体而言的，其中文字字体则需要设计师自行定义，但最终都要以最美观的效果展现为目的。

（2）Android系统

Android应用中各元素以720 px×1280 px为基准设计，可以与iOS应用对应，其常见的字号大小为24 px、26 px、28 px、30 px、32 px、34 px、36 px等，最小字号为20 px。

2. 字重

字重就是指字体的粗细。例如经常看到的字体后面带有后缀：思源黑体Regular、思源黑体Light、思源黑体Heavy、思源黑体Bold等，这些后缀就是这种字体的字重，如图1-14所示。

思源黑体Light

思源黑体Normal

图 1-14

3. 行距

行距是段落中上下两行文字之间的疏密程度，在UI设计中可以起到有效引导阅读的作用。在APP界面中，由于受到界面大小的限制，文字之间的行距一定要把控好，行距太小会导致用户阅读困难，而行距太大，同样也会造成不便。

1.3.2 常用的字体类型

字体的选择一般由产品的属性或者是品牌特性来决定。

在iOS系统中，英文一般会使用San Francisco（SF）字体，中文一般会使用苹方字体，如图1-15所示。

在Android系统中，英文一般会使用Roboto字体；中文一般会使用思源黑体，又称为"Source Han Sans"或"Noto"，共有7个字重，如图1-16所示。

图 1-15

图 1-16

1.3.3　界面的字体规范

字体规范是UI界面设计中最细节的部分，也是最基础的部分。UI设计要考虑两大元素：文字的辨识度和易读性。

1. 字号的设置

iOS系统设计时要注意字号的大小，具体规范如表1-1所示。苹果官网的建议全部是针对英文SF字体而言的，中文字体需要UI设计师灵活运用，其中10 pt是手机上显示的最小的字体字号，一般位于标签栏的图表底部。为了区分标题和正文，字体大小差异至少保持4 px，正文的合适间距为1.5~2倍。

表 1-1　iOS 系统的字号规范

位置	字族	逻辑像素	实际像素	行距	字间距
大标题	Regular	34 pt	68 pt	41	+11
标题一	Regular	28 pt	56 pt	34	+13
标题二	Regular	22 pt	44 pt	28	+16
标题三	Regular	20 pt	40 pt	25	+19
正文	Regular	17 pt	34 pt	22	-24
标注	Regular	16 pt	32 pt	21	-22
副标题	Regular	15 pt	30 pt	20	-16
注解	Regular	13 pt	26 pt	18	-6
注释一	Regular	12 pt	24 pt	16	0
注释二	Regular	11 pt	22 pt	13	+6

Android系统在界面设计时，中文字体一般是思源黑体Source Han Sana、Noto，英文字体是Roboto，具体规范如表1-2所示，表中示意的是以720 px×1280 px为例创建的字体大小。

表 1-2　Android 系统的字号规范

名称	导航栏标题	小标题	正文	注释说明文字	底部标题栏文字	图标文字
字号	32~40 px	32~36 px	24~32 px	20~32 px	20 px	22~44 px

2. 字体组合方式

在UI界面设计中，使用好字体也可以做出层次关系，即通过使用字体大小的对比和颜色深浅的对比进行设计。

（1）大小组合

在一个界面设计中，必须要有一个大标题，用作本页面中重要信息的概括。大标题一般会搭配小字解释大标题的内容，这样既解释了大标题隐含的内容，也表现了界面设计中文字的层级关系，如图1-17所示。

40px字体Regular

36px字体Regular

32px字体Regular

28px字体Regular

24px字体Regular

36px字体Regular做大标题

28px字体Regular解释主标题

图 1-17

（2）颜色深浅组合

在UI文案制作过程中，除了文字的大小可以表现层级关系外，还可以通过颜色来区分，即使用同一种颜色，但逐个降低其填充透明度，如图1-18所示。

32px字体Regular————————100%

28px字体Regular————————40%

图 1-18

3. 间距与行高

字间距没有固定的数值，一般在界面设计时遵循统一性原则和易读性原则，通常不会调整字间距。行高表示文字之间的高度，一般来说，行高选择为字符高度的30%是恰到好处的，如图1-19所示。

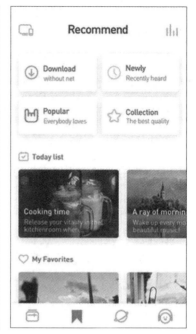

图 1-19

4. 文字的对齐

界面中的单行或多行文字应按照某种方式对齐，以便让界面内容表达得更加清晰、准确。

（1）单行文字的对齐方式

单行文字的对齐方式多为居中对齐，如图1-20所示。

文字对齐方式

文字对齐方式

图 1-20

（2）多行文字的对齐方式

多行文字排版时的最佳方式是两端对齐，最后一行左对齐。图1-21所示为多种排版效果的对比。

32px多行文字对齐32px多 行文字对齐32px多行文字 对齐32px多行文字对齐 32px多行文字对齐32px多 行文字对齐32px多行文字 对齐32px多行文字对齐 32px多行文字对齐32px多 行文字对齐	32px多行文字对齐32px多 行文字对齐32px多行文字 对齐32px多行文字对齐 32px多行文字对齐32px多 行文字对齐32px多行文字 对齐32px多行文字对齐 32px多行文字对齐32px多 行文字对齐	32px多行文字对齐32px多 行文字对齐32px多行文字 对齐32px多行文字对齐 32px多行文字对齐32px多 行文字对齐32px多行文字 对齐32px多行文字对齐 32px多行文字对齐32px多 行 文 字 对 齐	32px多行文字对齐32px多 行文字对齐32px多行文字 对齐32px多行文字对齐 32px多行文字对齐32px多 行文字对齐32px多行文字 对齐32px多行文字对齐 32px多行文字对齐32px多 行文字对齐

图 1-21

1.4 界面的常见构图类型

正式设计之前对元素位置的大致构思，叫作构图。元素通常包括文字、图片、图形等。本节将介绍UI界面中常见的几种构图类型。

1.4.1 井字形构图

井字形构图是指用两条水平方向的分割线和两条垂直方向的分割线构成一个井字形，将整个画面分割成9个等面积的方块，又称为九宫格构图。井字形构图方法多用在一级界面上，类似于分类的用途，如图1-22所示。

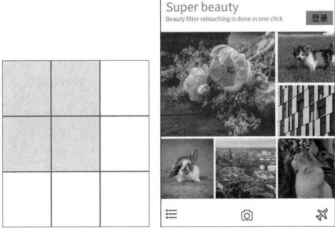

图 1-22

1.4.2 放射形构图

放射形构图必须要有一个固定的圆心点，再从这个圆心点向四周任意方向放射。这种构图能够很好地展现其开放性、震撼力和跃动感。根据线条方向的差异，可以有很多种放射形构图，图1-23是以一点为圆心向四周放射的构图类型。

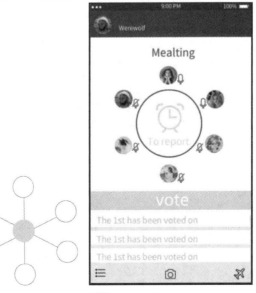

图 1-23

1.4.3　三角形构图

　　三角形构图，是一种非常常见的构图方式，主要运用在文字与图标构成的界面中，能让整个界面变得更加平衡、稳定。UI界面运用三角形构图时，大多是图在上、文字在下的构图方式，如图1-24所示。

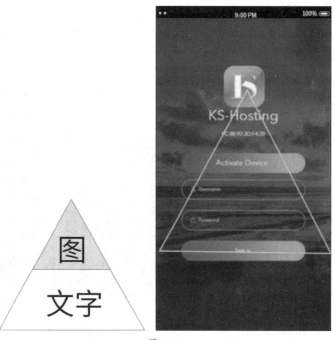

图 1-24

1.4.4　折线形构图

　　折线形构图又称为"之"字分割或锯齿构图，如图1-25所示。

图 1-25

1.4.5　直角形构图

　　直角形构图在网页设计中最为常见，可以用来排版"行列"布局，合理组织元素，让页面看起来有序，如图1-26所示。

图 1-26

1.5 界面布局的要素

UI界面的排版方式在很大程度上影响着用户如何认识和理解产品，并且它对产品所传达的信息也有着深刻影响。设计元素的排版方式构成了产品的叙事方式。设计中叙事类的文案可以通过排版方式进行调整或改变，例如，页面的留白、页面的对齐方式、界面的间距、界面的层次等。本节将介绍界面布局的要素及相关知识。

1.5.1 页面的留白

留白是艺术设计中重要的视觉标准之一，在UI设计中留白是极为重要的。UI设计中的留白是指元素之间保持距离，拥有呼吸的空间，这样可使图像和文本之间的布局干净、精致。尽管这个术语叫"留白"，但它所指的并不一定是白色的。使用留白的布局方式可以增加设计的易读性、界面的整洁性、重要按钮的可视性。留白给字体和图形以足够的空间，可以让用户快速寻找到所需的信息，提高用户体验，如图1-27、图1-28所示。

图 1-27

图 1-28

1.5.2 页面的对齐方式

页面对齐其实就是整齐，任何页面上的元素都不能随意摆放，每一项都应该与页面上的内容存在某种必然的视觉联系。例如，阅读一篇没有排好的文章，首先，在视觉感受上就已经没办法接受这样杂乱无章的排版；其次，阅读起来会非常困难，这样的版式设计相当于是一堆没有意义的字母。而排列好的版式，通过各个元素的搭建会形成一种秩序感，也符合用户的视觉惯性。

那么有哪些对齐方式呢？在Photoshop软件中有6种对齐方式、6种分布方式和两种分布间距，如图1-29所示。常用的对齐方式有左对齐、居中对齐和顶部或底部对齐，常用的分布间距有水平分布和垂直分布。

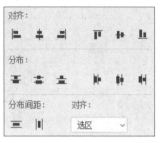

图 1-29

1. 左对齐

元素以左为基准，这是版式设计中最常见的对齐方式，同时也符合用户从左到右的阅读习惯。如果版式中有大段需要阅读的文字，最好采用左对齐的排版方式，如图1-30、图1-31所示。

图 1-30

图 1-31

2. 右对齐

右对齐的排版方式与人们的视觉感相反，会给人不习惯的感觉，容易干扰用户的阅读，然而这样的排版方式与图片建立某种联系将会获得平衡感，这样的界面显得非常有个性，如图1-32、图1-33所示。

图 1-32

图 1-33

3. 居中对齐

居中对齐排版容易给人严肃、庄重和经典的感觉，被看作是一种较高端的排版设计。由于图文居中，文字过多会不方便阅读，所以居中对齐这种排版方式多用于网页设计的第1页，文字元素（标题、副标题、广告语等短文案）一般会采用居中对齐，如图1-34、图1-35所示。

图 1-34

图 1-35

1.5.3 界面的间距

1. 外边距

外边距在设计界面时很容易被忽视。外边距是指界面中的内容到屏幕边缘的距离，一般左右两边应该是相同的，以达到页面整体视觉效果的统一。

外边距的大小不是固定不变的，而是要根据产品的主体和内容，选择合适的边距。一般来说，常用的APP界面外边距有20 px、24 px、30 px和32 px等。图1-36和图1-37所示为iOS设置界面，使用的都是30 px。

图 1-36

图 1-37

2. 卡片间距

在移动端使用得比较多的样式是卡片式样式，卡片与卡片之间的间距通常不低于16 px，过小的间距容易造成用户的不安。常用的间距是20 px、24 px、30 px、40 px，间距的颜色多为20%左右的灰度或白色的间距，如图1-38、图1-39所示。需要注意的是间距不宜过大，间距太大容易造成"空"，会降低整体界面的设计感。

3. 图文间距

一款APP除了状态栏、导航栏、标签栏，主体就是界面内容，内容无非就是图形和文字。内容排列方式可以有很多种，但是要记住一点，任何元素都不是没有规律地随意摆放的。

　　格式塔原理-邻近性原则是一种具体的表现场景。邻近性原则认为，彼此靠近的元素倾向于被视为一组，而较远的图文元素则被认为是其他的组，也叫作亲密性原则，如图1-40、图1-41所示。

图 1-38　　　　　　　　　　　图 1-39

图 1-40　　　　　　　　　　　图 1-41

1.5.4　界面的层次

　　层次是指界面中各个元素根据其重要性呈现出来的视觉顺序，这种层次关系包括元素的明暗、元素的大小、颜色的划分等。

1. 明暗对比

　　利用界面元素的明暗、阴影以及透明度的不同，可以体现界面层次。例如，白底黑字的版式、同类元素、不同的透明度，如图1-42所示，都可以体现简单的层次关系。

图 1-42

2. 大小对比

元素的尺寸越大，越突出，越能吸引用户的注意力。在具体的设计中，利用这种方式，可创建页面的层次关系，如图1-43所示，视觉第一位的是左边框的图片文字，视觉第二位是右边的图片文字列表，这里通过对元素大小的处理来创建界面的层次关系。

图 1-43

3. 颜色对比

界面的层次关系可以通过色彩来体现，如改变色彩的明度、纯度和饱和度。如图1-44所示，背景是灰色，使用白色的矩形以及亮度比较高的黄色做一个窗口，可将界面上要促销的商品信息作为第一视觉元素。

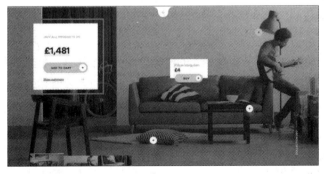

图 1-44

还可以通过色彩的强烈对比，来突出视觉层次关系，如图1-45所示。

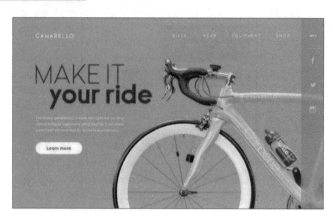

图 1-45

1.6 设计思维与创新能力

1. 设计思维

设计思维泛指设计过程中建立在抽象思维和形象思维基础之上的各种思维形式，包括立意、想法、灵感、构思、创意、技术决策、指导思想和价值观念等。设计师通常以观察体会为输入方式，经过内在与外在的思辨形成架构，再以架构形成专业的模式，进而具体落实成各种人造物。就UI设计来讲，设计思维是指设计过程中整合思考方式、思维组织模式，洞察用户行为和用户需求，推敲出恰当的设计方案，从而创造出新颖的原创的或突破性的界面设计。

从设计学角度来看，设计思维是思维方式的延伸，是将思维的理性、概念、意义、思想、精神通过设计的表现形式来实现的过程，主要涉及思维状态、思维程序及思维模式的内容。设计的思维过程，是一个相对比较复杂的心理现象，通常来说，它既是创新思维和设计方法的有机结合，同时又是逻辑思维和形象思维、发散思维与收敛思维等思维方式在设计过程中的有机结合。设计思维活动归根结底还是一种有限理性下的"问题求解"活动。

设计师经过有意识的训练和长期的设计实践，逐步认识设计对象与客观环境之间的各种联系，并熟悉设计规律，从而形成一定的设计思维方式和方法。设计师灵感来自观察和体会，设计思维的演进是一个从形象思维的启发开始，在逻辑思维推理中渐进的复杂过程。

2. 设计思维的过程

设计师对设计对象的构建是逐步清晰、明朗的过程，从最初的若干模糊的意象，到其中某个（些）意象凸现，不断根据问题的约束条件修正和改善，逐步清晰。

每个意象在形成最初也许只是一些抽象的概念，或是科学原理、技术规范，以及数据，但这些抽象的材料需要不断转化为形象（思维中的意象），再通过这些具体的形象进行比较和完善。

作为"形式赋予行为"的艺术设计，不仅需要抽象的推理、归纳、比较和选择等思维活动，也需要对形象的联想、想象以及情感共鸣等。

逻辑思维集中表现于设计目的、概念的制定、功能与形式的匹配、方案筛选与评估，以及运用基本设计原则（如可用性原则、经济原则、法律原则、技术原则等）优化设计的过程等，它是设计的合理性本质在艺术设计思维中的反映。

设计作为一种典型的创造性活动，它的过程既遵循一般创造性思维的过程，也具有一定的特殊性。在设计思维过程中，设计师往往采用的是多方案筛选的过程，放射性的思维方式，显然明显优于科学研究中常使用的线性推理的方式。设计师一般会运用草图的形式来捕捉瞬间即逝，并且模糊不清的"灵感"，而不是貌似搁置的"沉思"的过程。设计思维中的灵感思维也包含了艺术创造思维和科学创造思维的双重属性。创造性的设计思维还表现出一种陌生化的特征，即"就使用者、欣赏者的视觉感受而言，使（设计）对象从其正常的感受领域移出，造成一种全新的感受"。

3. 设计思维与设计师创新能力的关系

广义上讲，设计就是创新，创新是设计的本质要求，也是设计行为的最终目标。创新思维是设计师创新的核心内容，设计思维则是实现设计创新的有效途径，它贯穿于整个设计活动的始终。离开了创新，设计也就不能称其为设计，而只能是抄袭和模仿。

创新思维是为了解决实践问题而进行的具有社会价值的新颖、独特的思维活动，或者说创新思维是以新颖、独特的方式对已有信息进行加工、改造、重组，从而获得有效创意的思维过程和方法。创新能力是创新思维的基础，通过创新思维的训练，可以提高设计师的创新能力，从而创造出独特而富有创意的作品。

设计思维能力的培养方法有如下几种。

①创造自由宽松的设计环境。

②提高设计者的创造性人格。例如，想象力、好奇心、冒险精神、对自己的信心、集中注意的能力等方面特性。

③培养设计者立体性的思维方式。

④培养设计者收集素材、使用资料和素材的能力，增强他们扩充和更新设计知识库的能力。

另外，通过一些有效的组织方式可以提高设计师的注意力、灵感和创造力的发挥。比较常见的方式有头脑风暴法、检查单法、类比模拟发明法、综合移植法、希望点列举法。

①头脑风暴法。以小型会议的形式对某个议题进行讨论，与会人员可以畅所欲言，不必受任何条条框框的约束，通过畅谈产生连锁反应，激发联想，从而产生更好的设想和方案。

②检查单法。把现有事物的要素进行分离，然后按照新的要求和目的加以重新组合或置换某些元素，对事物换一个角度来看。

③类比模拟发明法。运用某一事物作为类比对照得到有益的启发，即仿生设计。

④综合移植法。应用或移植其他领域里发现的新原理或新技术。

⑤希望点列举法。将各种各样的梦想、希望、联想等一一列举，在轻松自由的环境下，无拘无束地展开讨论。

你学会了吗？

第2章 网页 UI 设计

本章将对网页UI设计的基础知识以及设计规范、常用类型及绘制方法进行系统的讲解与演练。通过本章的学习，读者可以对网页UI设计有一个基本的认识，并能快速掌握网页UI设计的常用规范和方法。

内容概要

知识要点

- 学习网页UI设计的基本概念
- 了解网页UI版式设计
- 掌握网页UI设计的规范和方法

数字资源

【本章素材来源】："素材文件\第2章"目录下

【本章上手实操最终文件】："素材文件\第2章\上手实操"目录下

2.1 案例精讲：欧美音乐网站首页设计

本案例将制作音乐类网站首页，主要包括搜索栏、Banner、产品展示图以及用户登录页面等。

2.1.1 制作注册栏及导航栏

本节将通过创建参考线建立网页版块，主要涉及的知识点包括文字工具的使用、绘图工具的使用以及使用"置入"命令置入图片等。下面将对具体的操作步骤进行介绍。

步骤01 打开Photoshop软件，执行"文件"→"新建"命令，在打开的"新建文档"对话框中设置参数（宽度1920 px、高度7280 px、分辨率300像素/英寸、背景内容为白色），单击"创建"按钮，新建文档，如图2-1所示。

步骤02 执行"视图"→"新建参考线版面"命令，弹出"新建参考线版面"对话框，参数设置如图2-2所示，单击"确定"按钮，完成参考线版面的创建。

图 2-1

图 2-2

> ⚠ **技巧提示**：该文档为便于展示，特将分辨率设置为300像素/英寸。在实操过程中，通常设置为72像素/英寸即可。

步骤03 执行"视图"→"新建参考线"命令，弹出"新建参考线"对话框，在水平方向上新建参考线，参数设置如图2-3所示，单击"确定"按钮。

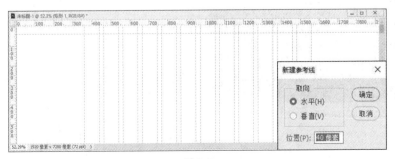

图 2-3

步骤04 执行"文件"→"置入嵌入对象"命令，弹出"置入嵌入的对象"对话框，从中选择素材"01.jpg"，单击"置入"按钮，将图片置入到图像窗口中。将其拖到适当的位置并调整其大小，按Enter键确认操作。在"01"图层上右击，在弹出的菜单中选择"栅格化图层"选项，如图2-4、图2-5所示。

图 2-4

图 2-5

步骤05 选择"矩形选框工具"，选中如图2-6所示的部分，按Delete键删除，如图2-7所示。

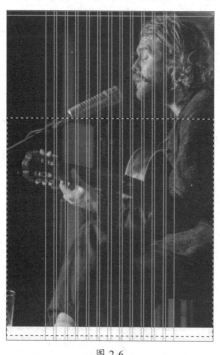

图 2-6

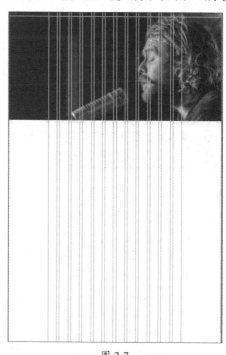

图 2-7

步骤06 更改前景色为黑色。选择"矩形工具"，绘制矩形，如图2-8所示。

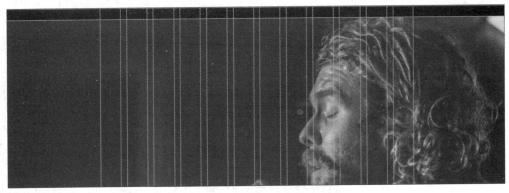

图 2-8

步骤07 选择"横排文字工具",在适当的位置输入文字。执行"窗口"→"字符"命令,弹出"字符"面板,在面板中将"颜色"设置为白色,其他选项的设置如图2-9所示,按Enter键确认操作,效果如图2-10所示。

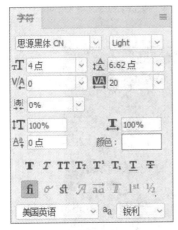

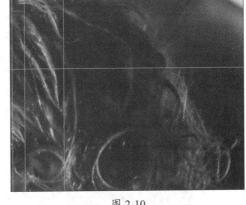

图 2-9　　　　　　　　　　　　　　　　图 2-10

步骤08 执行"视图"→"新建参考线"命令,弹出"新建参考线"对话框,在180像素(距离上方参考线140像素)的位置新建一条水平参考线,设置如图2-11所示,单击"确定"按钮,完成参考线的创建,效果如图2-11所示。

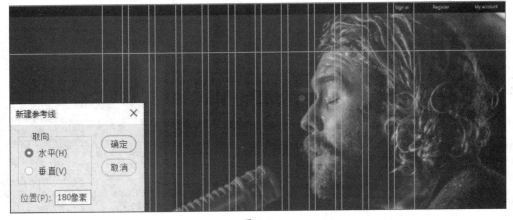

图 2-11

步骤 **09** 选择"横排文字工具",在适当的位置输入文字,如图2-12、图2-13所示。

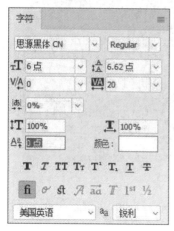

图 2-12

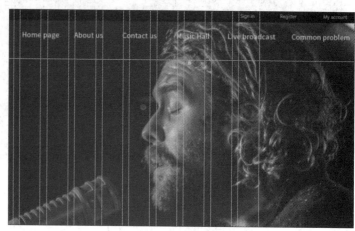

图 2-13

步骤 **10** 选中文字"Home page",在"字符"面板中更改其颜色为黄色(#feb103),如图2-14所示。

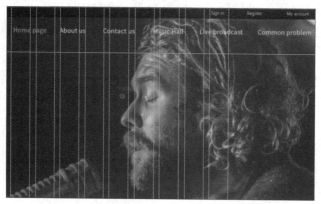

图 2-14

步骤 **11** 更改前景色为#28231e。选择"矩形工具",绘制矩形(描边为白色、1像素),如图2-15所示。

步骤 **12** 更改前景色为白色。选择"矩形工具",绘制矩形,如图2-16所示。

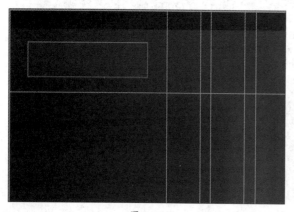

图 2-15

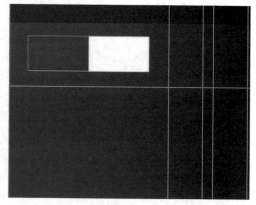

图 2-16

步骤 13 选择"横排文字工具",在适当的位置输入文字。在"字符"面板中将"颜色"设置为白色,其他选项的设置如图2-17所示,按Enter键确认操作,效果如图2-18所示。

步骤 14 更改前景色为#242121,继续输入文字,如图2-19所示。

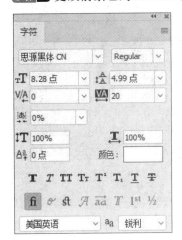

图 2-17

图 2-18

图 2-19

2.1.2 制作Banner区域

本节将制作网页的Banner区域,涉及的知识点主要包括绘图工具的使用、文字工具的使用、图层样式的应用等。下面将对具体的操作步骤进行介绍。

步骤 01 执行"视图"→"新建参考线"命令,弹出"新建参考线"对话框,在1020像素(距离上方参考线840像素)的位置新建一条水平参考线,单击"确定"按钮,完成参考线的创建,如图2-20所示。

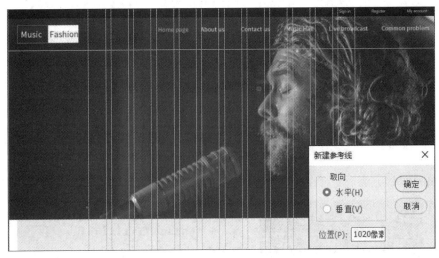

图 2-20

步骤 02 选择"矩形工具",在属性栏中将填充颜色设置为浅灰色(#f1f1fb)、描边设置为无。在水平方向1020像素的参考线下方绘制矩形,如图2-21所示。

步骤 03 选择"横排文字工具",设置颜色为白色,在合适的位置输入文字,并将文字设置为居中对齐,如图2-22所示。

图 2-21 图 2-22

步骤 04 选择"椭圆工具",在属性栏中设置填充为灰色（#878684）、描边为无。在图像窗口中的适当位置绘制椭圆,如图2-23所示。

步骤 05 按住Alt键复制椭圆,如图2-24所示,更改其颜色为白色,如图2-25所示。

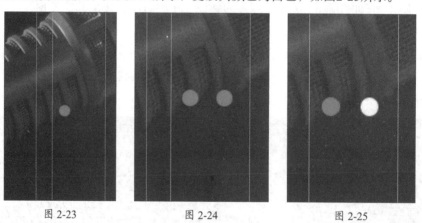

图 2-23 图 2-24 图 2-25

步骤 06 选中白色椭圆,按住Alt+Shift组合键复制椭圆,保持3个椭圆拥有相同间距,如图2-26所示。

步骤 07 使用同样的方法,复制椭圆,效果如图2-27所示。

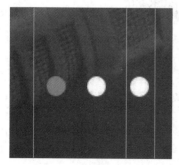

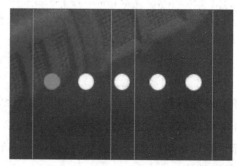

图 2-26 图 2-27

步骤 08 更改前景色为#feb103。选择"矩形工具",在适当位置绘制矩形,如图2-28所示。

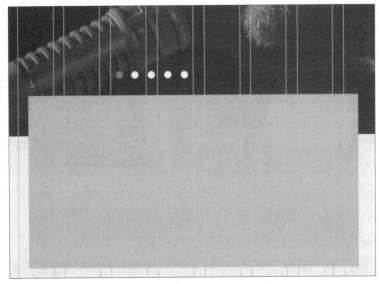

图 2-28

步骤 09 执行"文件"→"置入嵌入对象"命令,弹出"置入嵌入的对象"对话框,选择素材"02.jpg",单击"置入"按钮,将图片置入到图像窗口中。将其拖到适当的位置并调整大小,按Enter键确认操作,如图2-29所示。

步骤 10 使用相同的方法,置入并栅格化素材"03.jpg",如图2-30所示。

图 2-29

图 2-30

步骤 11 选择"矩形选框工具",选中多余部分,如图2-31所示,按Delete键删除,效果如图2-32所示。

你学会了吗?

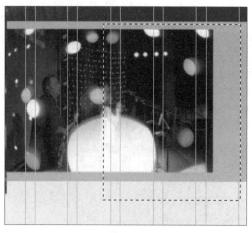

图 2-31   图 2-32

步骤 12 使用相同的方法，置入素材"04.jpg"和"05.jpg"，如图2-33所示。

图 2-33

步骤 13 右击"02"图层，在弹出的菜单中选择"混合选项"，为图层添加投影，参数设置如图2-34所示，单击"确定"按钮，效果如图2-35所示。

图 2-34   图 2-35

步骤14 在"02"图层上右击,在弹出的菜单中选择"拷贝图层样式"选项,如图2-36所示。

图 2-36

步骤15 分别在图层"03""04""05"上右击,在弹出的菜单中选择"粘贴图层样式"选项,效果如图2-37所示。

图 2-37

2.1.3　制作内容区域1

本节将使用置入图片、形状工具和文字工具制作网页的内容区域;利用参考线给出的安全区域,调整图片的大小和位置;所有元素都采用中心对齐的方式排列,更换段落文字的颜色,为界面增加层次。下面将对具体的操作步骤进行介绍。

步骤01 选择"矩形工具",在"属性"面板中设置颜色为浅灰色(#d2d2d2),在图像窗口中的合适位置绘制矩形,如图2-38所示。

步骤02 选择"椭圆工具",在图像窗口中的合适位置绘制椭圆,如图2-39所示。

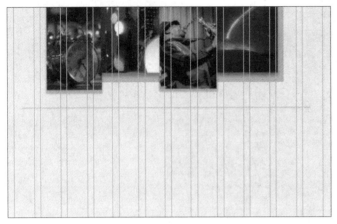

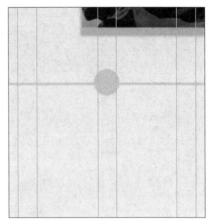

图 2-38 　　　　　　　　　　　　　　　　　　　图 2-39

步骤03 选中灰色椭圆，按住Alt+Ctrl组合键分别向左右两个方向拖动椭圆，保持相同的间距，复制出两个椭圆，如图2-40所示。

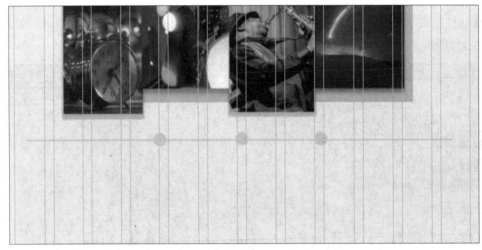

图 2-40

步骤04 使用相同的方法，绘制并复制椭圆，如图2-41所示。

图 2-41

步骤05 选择"矩形工具"，在"属性"面板中设置填充为黄色（#ffbd39）、描边为无，在图像窗口中的合适位置绘制矩形，如图2-42所示。

步骤06 选择"横排文字工具"，在适当的位置输入并选中文字。在"字符"面板中将颜色设置为紫色（#930077），其他选项的设置如图2-43所示，按Enter键确认操作，效果如图2-44所示。

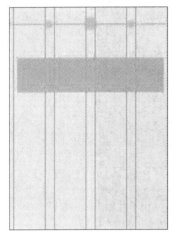

图 2-42

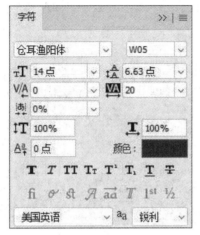

图 2-43

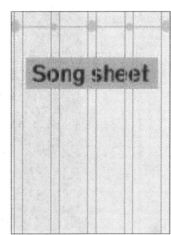

图 2-44

步骤07 使用同样的方法，输入文字。在"字符"面板中将颜色设置为黑色，其他选项的设置如图2-45所示，按Enter键确认操作，效果如图2-46所示。

步骤08 选择"矩形工具"，在"属性"面板中设置颜色为黄色（#ffbd39），在图像窗口中的合适位置绘制矩形，如图2-47所示。

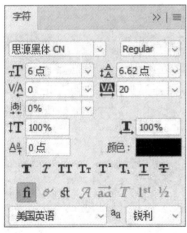

图 2-45

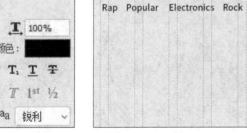

图 2-46

图 2-47

步骤09 执行"文件"→"置入嵌入对象"命令，弹出"置入嵌入的对象"对话框，选择素材"06.jpg"，单击"置入"按钮，将图片置入到图像窗口中。将其拖到适当的位置并调整大小，按Enter键确认操作，如图2-48所示。

图 2-48

步骤 10 选择"椭圆工具",在"属性"面板中设置填充为灰色(#dcdcdc),在图像窗口中的合适位置绘制椭圆。设置其图层的不透明度为48%,按Ctrl+J组合键复制该图层,如图2-49所示。

步骤 11 按Ctrl+T组合键,再按住Alt等比例缩小椭圆,按Enter键释放,如图2-50所示。

步骤 12 选择"多边形工具",在属性栏中设置边数为3、颜色为白色,在图像窗口中的合适位置绘制三角形,如图2-51所示。

图 2-49

图 2-50

图 2-51

步骤 13 选择"横排文字工具",在适当的位置输入并选中文字。在"字符"面板中将颜色设置为黑色,其他选项的设置如图2-52所示,按Enter键确认操作,效果如图2-53所示。

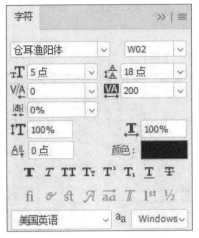

图 2-52   图 2-53

步骤 14 使用同样的方法，在图像中输入并选中文字"in my heart"，在"字符"面板中更改颜色为黄色（#ffbd39），效果如图2-54所示。

图 2-54

2.1.4 制作内容区域2

本节将使用形状工具、文字工具和置入图片等命令制作网页的内容区域2，界面偏右排列，文字采用左对齐的方式，并通过设置字体的字重、字号和颜色的变换为界面增添层次。下面将对具体的操作步骤进行介绍。

步骤 01 选择"移动工具"，选中如图2-55所示的图形，在图形上按住Alt+Shift组合键向下垂直拖到合适位置，如图2-56所示。

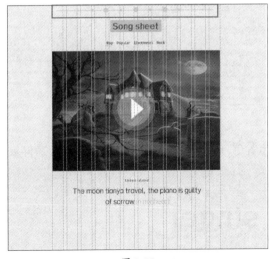

图 2-55   图 2-56

步骤 02 选择"矩形工具",在属性栏中设置颜色为黄色(#d2b06b),在图像窗口中的合适位置绘制矩形,如图2-57所示。

步骤 03 执行"文件"→"置入嵌入对象"命令,弹出"置入嵌入的对象"对话框,选择素材"07.jpg",单击"置入"按钮,将图片置入到图像窗口中。将其拖到适当的位置并调整大小,按Enter键确认操作,如图2-58所示。

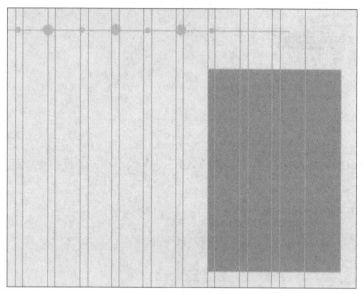

图 2-57   图 2-58

步骤 04 选择"横排文字工具",在适当位置输入文字,在"字符"面板中将颜色设置为黑色,其他选项的设置如图2-59所示,按Enter键确认操作,效果如图2-60所示。

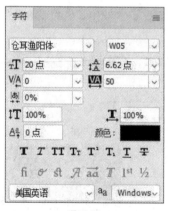

图 2-59   图 2-60

步骤 05 选择"矩形工具",在属性栏中设置颜色为黄色(#ffbd39),在图像窗口中的合适位置绘制矩形,如图2-61所示。

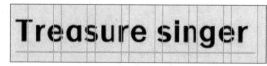

图 2-61

步骤 06 选择"横排文字工具"，在适当位置输入文字，在"字符"面板中将颜色设置为黑色，其他选项的设置如图2-62所示，按Enter键确认操作，效果如图2-63所示。

图 2-62   图 2-63

步骤 07 选择"横排文字工具"，输入文字，颜色设置为黄色（#ffbd39），其他选项的设置如图2-64所示，按Enter键确认操作，效果如图2-65所示。

图 2-64   图 2-65

步骤 08 选择"矩形工具"，在属性栏中设置填充为无、描边为黑色1.04像素，在图像窗口中的合适位置绘制矩形，如图2-66所示。

步骤 09 选择"横排文字工具"，在适当位置输入文字，在"字符"面板中将颜色设置为黑色，其他选项的设置如图2-67所示，按Enter键确认操作，效果如图2-68所示。

图 2-66   图 2-67   图 2-68

步骤10 选中矩形，按住Alt+Shift组合键向下水平拖到合适位置，如图2-69所示。

步骤11 使用同样的方法，水平复制矩形，效果如图2-70所示。

图 2-69

图 2-70

步骤12 选择"横排文字工具"，在适当位置输入文字，在"字符"面板中将颜色设置为黑色，其他选项的设置如图2-71所示，按Enter键确认操作，效果如图2-72所示。

图 2-71

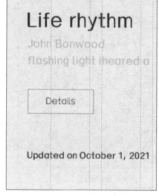

图 2-72

步骤13 选择"矩形工具"，在属性栏中设置颜色为黄色（#ffbd39），在图像窗口中的合适位置绘制矩形，如图2-73所示。

图 2-73

2.1.5 制作内容区域3

本节将使用矩形工具、文字工具等制作网页的内容区域3，整体界面与内容区域2构成系列，排版形成左右对称。下面将对具体的操作步骤进行介绍。

步骤 01 选择"横排文字工具"，在适当位置输入文字，在"字符"面板中将颜色设置为黑色，其他选项的设置如图2-74所示，按Enter键确认操作，效果如图2-75所示。

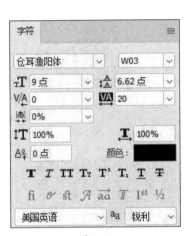

图 2-74

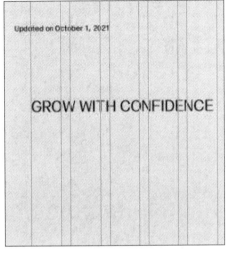

图 2-75

步骤 02 使用同样的方法，输入文字，颜色设置为黑色，字号更改为6号，效果如图2-76所示。

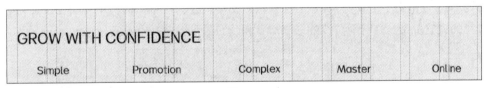

图 2-76

步骤 03 选择"矩形工具"，在属性栏中设置颜色为浅灰色（#dcdcdc），在图像窗口中的合适位置绘制矩形，如图2-77所示。

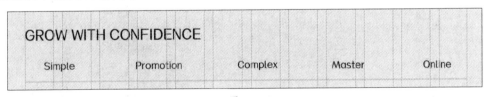

图 2-77

步骤 04 继续绘制矩形，填充为黄色（#ffbd39），如图2-78所示。

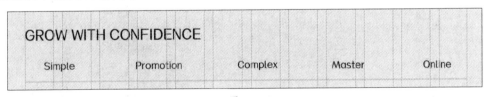

图 2-78

步骤05 选择"矩形工具",在属性栏中设置颜色为黄色(#d2b06b),在图像窗口中的合适位置绘制矩形,如图2-79所示。

步骤06 执行"文件"→"置入嵌入对象"命令,弹出"置入嵌入的对象"对话框,选择素材"08.jpg",单击"置入"按钮,将图片置入到图像窗口中。将其拖到适当的位置并调整大小,按Enter键确认操作,如图2-80所示。

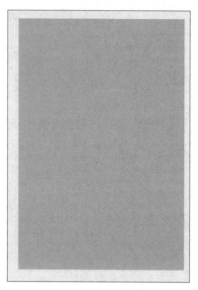

图 2-79

图 2-80

步骤07 选择"竖排文字工具",在适当位置输入文字,在"字符"面板中将颜色设置为黑色,其他选项的设置如图2-81所示,按Enter键确认操作,效果如图2-82所示。

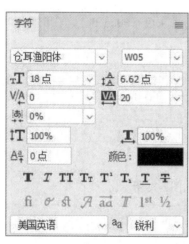

图 2-81

图 2-82

步骤08 选择"横排文字工具",在适当位置输入文字,在"字符"面板中将颜色设置为黄色(#ffbd39),其他选项的设置如图2-83所示,按Enter键确认操作,效果如图2-84所示。

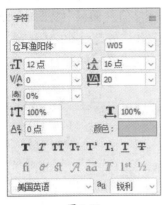

图 2-83

图 2-84

步骤 09 继续输入文字，字号为4号，如图2-85所示。继续输入文字，字号为5号，其他选项的设置如图2-86所示，按Enter键确认操作。

图 2-85

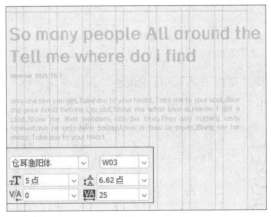

图 2-86

步骤 10 选择"矩形工具"，在属性栏中设置颜色为紫色（#930077），在图像窗口中的合适位置绘制矩形，如图2-87所示。

步骤 11 选中矩形，按住Alt+Shift组合键向上水平拖到合适位置，如图2-88所示。

步骤 12 选中矩形，在"属性"面板中更改颜色为黄色（#ffbd39）并调整位置，如图2-89所示。

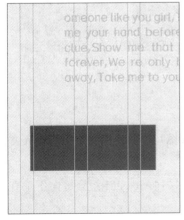

图 2-87

图 2-88

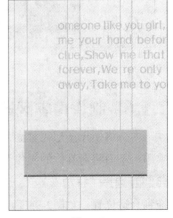

图 2-89

步骤13 选择"横排文字工具",在适当位置输入文字,在"字符"面板中将颜色设置为紫色(#930077),其他选项的设置如图2-90所示,按Enter键确认操作,效果如图2-91所示。

步骤14 选择"多边形工具",在属性栏中设置边数为3、颜色为紫色(#930077),在合适位置绘制形状,如图2-92所示。

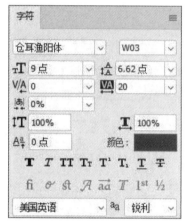

图 2-90

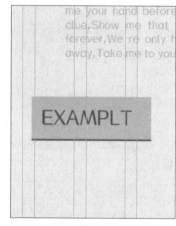

图 2-91

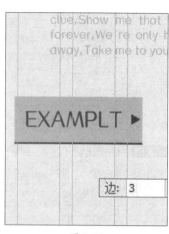

图 2-92

步骤15 选择"矩形工具",在"属性"面板中设置填充为黄色(#ffbd39)、描边为无,在合适位置绘制矩形,如图2-93所示。

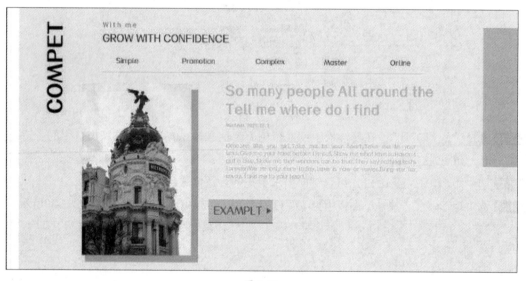

图 2-93

2.1.6 制作内容区域4

本节将使用矩形工具添加底图颜色,使用"置入"命令置入图片,并使用文字工具输入文字等。下面将对具体的操作步骤进行介绍。

步骤01 选择"移动工具",选中如图2-94所示的图形,在图形上按住Alt+Shift组合键向下垂直拖到合适位置,如图2-95所示。

图 2-94

图 2-95

步骤 02 执行"文件"→"置入嵌入对象"命令，弹出"置入嵌入的对象"对话框，选择素材"09.jpg"，单击"置入"按钮，将图片置入到图像窗口中。将其拖到适当的位置并调整大小，按Enter键确认操作，如图2-96所示。

图 2-96

步骤 03 设置前景色颜色为黑色，选择"矩形工具"，在合适位置绘制矩形，调整其不透明度为52%，效果如图2-97所示。

图 2-97

步骤 04 选择"横排文字工具",在适当的位置输入并选中文字。在"字符"面板中将颜色设置为黄色(#feb103),其他选项的设置如图2-98所示,按Enter键确认操作,效果如图2-99所示。

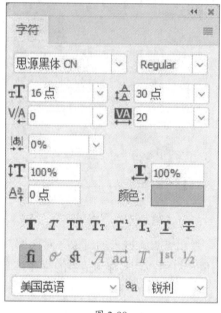

图 2-98

图 2-99

步骤 05 选择"矩形工具",在"属性"面板中设置填充为黄色(#ffbd39)、描边为无,在合适位置绘制矩形,如图2-100所示。

图 2-100

步骤 06 选择"横排文字工具",在适当的位置输入并选中文字。在"字符"面板中将颜色设置为紫色(#930077),其他选项的设置如图2-101所示,按Enter键确认操作,效果如图2-102所示。

图 2-101　　　　　　　　　　　　　图 2-102

2.1.7　制作内容区域5

本节将使用文字工具、绘图工具以及置入图像命令制作网页的内容区域5。下面将对具体的操作步骤进行介绍。

步骤 01 选择"横排文字工具"，在适当的位置输入并选中文字。在"字符"面板中将颜色设置为黑色，其他选项的设置如图2-103所示，按Enter键确认操作，效果如图2-104所示。

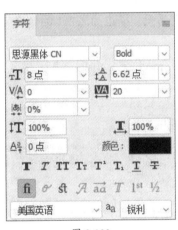

图 2-103

图 2-104

步骤 02 使用同样的方法，输入文字，其他选项的设置如图2-105所示，按Enter键确认操作。

图 2-105

步骤 03 继续输入文字，在"字符"面板中将颜色设置为黄色（#ffbd39），其他选项的设置如图2-106所示。按Enter键确认操作，效果如图2-107所示。使用相同的方法，输入文字，设置其颜色为黑色，并调整其大小，如图2-108所示。

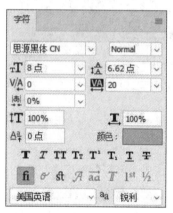

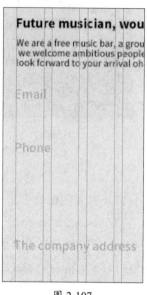

图 2-106　　　　　　　　　图 2-107　　　　　　　　　图 2-108

步骤 04 选择"矩形工具"，在"属性"面板中设置填充为无、描边为黑色1.04像素，在适当位置绘制矩形，如图2-109所示。

步骤 05 选中矩形，按住Alt+Shift组合键向下水平拖到合适位置，并调整其大小，如图2-110所示。

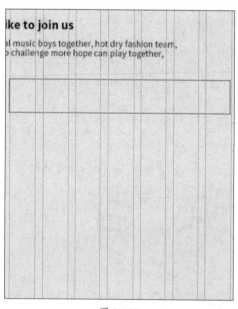

图 2-109　　　　　　　　　　　　　图 2-110

步骤 06 选择"横排文字工具"，在适当的位置输入并选中文字。在"字符"面板中将颜色设置为黑色，其他选项的设置如图2-111所示，按Enter键确认操作，效果如图2-112 所示。

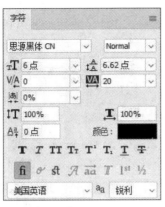

图 2-111

图 2-112

步骤07 选中文字，按住Alt+Shift组合键向下水平拖到合适位置，如图2-113所示。调整文字图层的不透明度为35%，如图2-114所示。

步骤08 使用相同的方法，复制文字并向下拖到合适位置，如图2-115所示。

图 2-113

图 2-114

图 2-115

步骤09 选择"圆角矩形工具"，在"属性"面板中设置颜色为黄色（#ffbd39），其他选项的设置如图2-116所示。按Enter键确认操作，效果如图2-117所示。

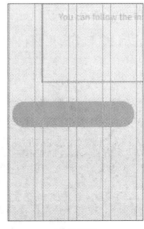

图 2-116

图 2-117

步骤 **10** 选择"横排文字工具",在适当的位置输入并选中文字。在"字符"面板中将颜色设置为白色,其他选项的设置如图2-118所示,按Enter键确认操作,效果如图2-119所示。

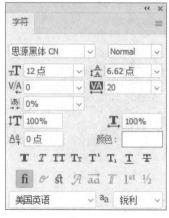

图 2-118	图 2-119

2.1.8 制作页脚区域

本节将使用文字工具、绘图工具以及置入图像命令制作网页的页脚区域。下面将对具体的操作步骤进行介绍。

步骤 **01** 选择"矩形工具",在属性栏设置填充为深棕色(#1a1a1c)、描边为无,在图像窗口中的合适位置绘制矩形,如图2-120所示。

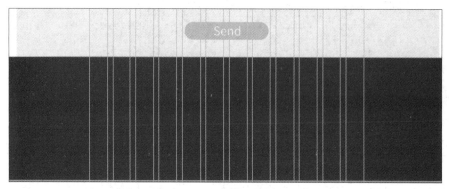

图 2-120

步骤 **02** 使用同样的方法,绘制黑色矩形,如图2-121所示。

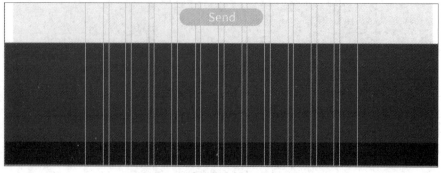

图 2-121

步骤 03 选择"横排文字工具",在适当的位置输入并选中文字。在"字符"面板中将颜色设置为白色,其他选项的设置如图2-122所示,按Enter键确认操作,效果如图2-123所示。

图 2-122   图 2-123

步骤 04 使用相同的方法,输入并设置文字,如图2-124、图2-125所示。

图 2-124   图 2-125

步骤 05 执行"文件"→"置入嵌入对象"命令,弹出"置入嵌入的对象"对话框,选择素材"A-2.png",单击"置入"按钮,将图片置入到图像窗口中。将其拖到适当的位置并调整大小,按Enter键确认操作,如图2-126所示。

图 2-126

步骤 06 选择"横排文字工具",在适当的位置输入并选中文字。在"字符"面板中将颜色设置为白色,按Enter键确认操作,效果如图2-127所示。

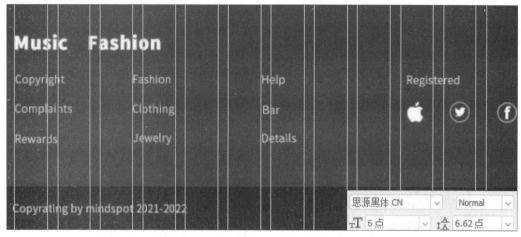

图 2-127

步骤 07 选择"圆角矩形工具",在"属性"面板中设置颜色为灰色(#c9c9c9),其他选项的设置如图2-128所示,按Enter键确认操作。

图 2-128

步骤 08 选择"横排文字工具",在适当的位置输入并选中文字。在"字符"面板中将颜色设置为黑色,其他选项的设置如图2-129所示,按Enter键确认操作。

图 2-129

步骤09 选择"矩形工具",在属性栏设置填充为白色、描边为无,在图像窗口中的合适位置绘制矩形,如图2-130所示。

图 2-130

步骤10 选择"直线工具",设置填充为黑色,在矩形之上绘制对角线,如图2-131所示。

图 2-131

步骤11 选择"横排文字工具",在适当的位置输入并选中文字。在"字符"面板中将颜色设置为白色,其他选项的设置如图2-132所示。

图 2-132

步骤 12 至此，欧美音乐类网站的首页设计制作完成，如图2-133所示。

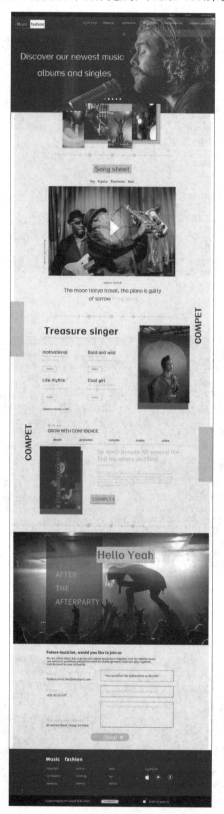

图 2-133

2.2 网页UI设计的基本概念

　　网页设计也被称为Web UI design、网站设计、Website design、WUI等。网页UI设计的本质就是网站的图形界面设计，首先要根据企业希望向用户传递的信息进行网站功能策划，然后进行页面设计美化的工作。网页界面设计涵盖了制作和维护网站的诸多技术，包含信息架构设计、网页图形设计、用户界面设计、用户体验设计以及品牌标识设计和Banner设计等，如图2-134所示。

图 2-134

2.3 网页UI设计的原则

　　网页UI设计是展示企业形象、介绍产品和服务的重要方式。网页UI设计要从消费者的需求、市场状况以及自身情况出发，并进行页面美化的工作。

2.3.1 以用户为中心

　　UI设计是作用于用户本身的，一个好的网页UI界面设计可以让用户对产品的好感倍增，如图2-135所示。

图 2-135

1. 用户优先理念

网页UI设计的主要目的是吸引用户、增加浏览量，因此，设计要以用户为中心，了解用户需要什么。在设计制作网页UI时，不能一味追求艺术感，要简洁，易操作，便于用户理解，这是网页设计的目的。

2. 简化操作流程

在网页设计过程中，要明确清晰地传递需要操作的信息，便捷易懂的操作过程永远是用户的第一选择。操作若过于烦琐，会导致用户失去耐心，容易流失客户。

3. 情绪感受

在进行网页设计时，要从用户的视角出发，吸引用户的注意力，方便用户掌握整个的界面操作，产生信任感和安全感。

2.3.2 视觉美观

网页UI界面设计越来越重视视觉美观，重视界面内容与表现形式的多样化，重视版式的新颖、独特化。融合了交互设计、动画以及三维效果等多媒体形式的UI设计，相比传统的界面设计，更具有视觉冲击力、感染力、表现力，也更能吸引用户，如图2-136所示。

图 2-136

2.3.3 主题明确

网页UI设计一定要有诉求，每一个屏幕都应该有一个主题，如图2-137所示。这样在操作过程中便于上手，也便于后期修改，避免发生不必要的歧义。

你学会了吗?

图 2-137

2.3.4 内容与形式统一

网页中内容与形式的统一，是设计整体性的表现要求。在网页UI设计中有Logo、文字、图片和动画等元素，这些元素通过某种排版方式组成一个网页的界面，这就要遵循网页UI设计原则中的统一性，此处的统一性是指整体的内容、颜色、功能等风格高度统一。统一的界面表现形式，可以增强用户的信任感，如图2-138所示。

图 2-138

2.3.5 有机的整体

整体性的网页UI设计可以让用户对网页的形象有深刻的记忆，让用户迅速而有效地进行操作。若不遵循这一项原则，会使整个网页看起来杂乱无章，但这并不是说网页UI设计是一成不变的。随着社会的进步，用户需求在不断变化，设计者也在不断地学习，网页也将会呈现不同的风格，给用户带来新鲜的感觉，如图2-139所示。

图 2-139

2.4 网页UI版式设计的形式美

美是一种能够让心情愉悦的体验与感受。形式美法则，是事物之外的美，需要用眼睛去观察，从而获得美的体验。在网页UI版式设计中，可以通过重复、对比、比例、重叠、组合等方法创造美，并利用这些方法设计出各种具有形式美的设计。

2.4.1 主次关系

一个统一的整体，是由许许多多的元素组成的。在元素对比同构变形的同时，一定要注意整个界面的主次关系。主次，简单地说，就是一个版式中既要有重点突出的元素，也要有非重点辅助的元素。一个好的UI设计就是要让用户使用时能将视觉中心聚焦在重要的元素上，而不是添加的非重点辅助元素上。

图2-140所示是一张版式设计海报。首先，出现在视觉中心的是中间的大字"平庸之辈"，它是这张海报的主题名称，是最主要的东西；其次，在颜色上选择邻近色和对比色组合，邻近色在界面中从明度和纯度上构成了较大的反差效果，绿色与紫色构成了矛盾对比，这些不同的颜色是视觉的第二中心；最后才是这些由点线面构成的元素搭配。次要的内容是辅助效果，选择了较小的字号，这就明显区分了主次关系。

图 2-140

2.4.2 虚实对比

虚实对比的版式容易让人获得空间感，突出主体。版面中虚的部分可以看成是空白的，虚实对比的方式可以通过文字、图片或者色彩来表现。为了强调主要内容，可以将次要内容进行虚化处理。版面的虚实关系表现为以虚衬实、实由虚托，如图2-141所示。

图 2-141

2.4.3 比例尺度

比例是感性的，尺度是理性的。比例是指元素各部分的大小、长短、高低在度量上的比较关系，一般不涉及具体值。尺度是指用一种标准来衡量，是对元素之间的尺寸要求，是可以用一定的量来表示和说明的，如图2-142所示。

图 2-142

2.4.4 对称与均衡

对称与均衡的主要表现是庄重而稳定。对称是均衡的特殊形式，而均衡则是有变化的，是对称的变体。对称与均衡是一对统一体，一般表现为既对称又均衡，实际上是视觉符号传达版面中的元素信息在作品里处于一种相对平衡的状态，给人一种视觉上的静止和平衡感，如图2-143、图2-144所示。

图 2-143

图 2-144

关于对称与均衡可以从两个方面来分析：对称均衡和非对称均衡。

对称均衡的版面可以表达出秩序和稳定，能给人以安定的感觉，但这种版面在设计中会显得单调和呆板。因而在整体对称的格局中加入一些不对称的因素，就可以为版面增添生动性，这就是非对称均衡，如图2-145所示。

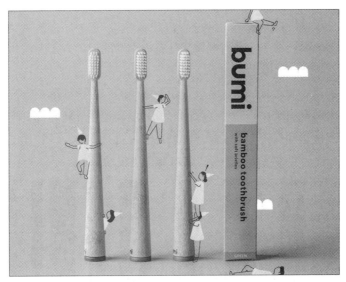

图 2-145

2.4.5 对比与调和

在网页UI版式设计中，对比与调和是相辅相成、不可分割的统一体。在版式设计中，若要凸显主要内容，一定需要一个元素或多种元素与之对比。

在画面中既要有对比也要有调和，不然画面会太突兀，不能做到统一。只有处理好对比与调和的关系时，才能设计出一个很好的版式效果，如图2-146所示。

图 2-146

2.4.6　节奏与韵律

节奏是事物运动的属性之一，是有规律和具有周期性的运动方式，例如从白天到黑夜，以及春、夏、秋、冬这种规律性的运动。

节奏与韵律法则使版面富有情调，是版式设计常用的一种设计形式。节奏是均匀的重复，是在不断重复中产生节奏的变化，这种规律的形式一般表现在反复的视觉流动中，通过视觉要素秩序和有节奏的逐次运动获得一种韵律感和秩序感，如图2-147、图2-148所示，也可通过颜色、形状、大小的变化，展现节奏与韵律，富有变化美、动态美。

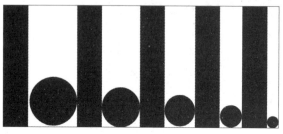

图 2-147　　　　　　　　　　　　　　　　　图 2-148

节奏与韵律也可以通过图形和文字在大小、色调上形成规律性的变化，从而产生节奏感，也可以通过单纯的文字变化，通过设置文字的大小、形状、颜色的变化来表现节奏和韵律，如图2-149、图2-150所示。

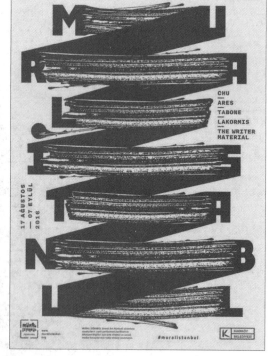

图 2-149　　　　　　　　　　　　　　　　　图 2-150

2.4.7 量感与空间尺度感

量感是一种感性认识，是视觉或触觉对某种事物大小、规模、质感等方面的感受，借助明暗、颜色和线条要素来表达这种感受。在网页UI版式设计中，量感主要体现在视觉的感受上。用户对某个产品的大小、长短、色彩、明暗等量态的感性认识，是版式设计中非常重要的因素。

空间感是艺术设计经常用的一种空间审美感受，在一定程度上可以提高版式的视觉效果，丰富版式的层次关系，还可以使用户的注意力集中在作品上。

提高空间感的方法有元素的互相遮挡方式、以小见大方式、变形透视方式、3D效果方式、营造虚实关系方式等，图2-151所示的设计就是采用元素的互相遮挡方式来体现出空间感的。

图 2-151

学习体会

经验之谈 网页 UI 设计的特性

网页有其自身的设计特性，包括信息传达性、主题明确性、形式简洁性、界面一致性、使用便利性等。

1. 信息传达性

虽然网页设计是将技术性和艺术性融为一体的创造性活动，但网页设计应时刻围绕"信息传达"这一主题来进行。从根本上来看，它是一种以功能性为主的设计。网页设计是一项创造性的工作，要求网页设计师通过有效吸引视线的艺术形式清晰、准确、有力地传达信息。网页审美从属于网页内容，其本身不可能独立存在。网页设计的审美功能不仅由界面形式所决定，很大程度上也受到操作顺畅、信息接受心理及信息接收形式等因素的影响，具有很明显的综合性。网页设计需要充分体现功能第一的原则，以功能要求为设计的主要出发点，综合考虑，整体设计，以求达到最佳效果。

2. 主题明确性

对网页中主题形象的构思要以主题明确、易于接受的原则来设计，如图2-152所示。在网页中出现的视觉形象要适应大多数浏览者的品味，越明确、越通俗、越具体越好。应尽量让各层次的浏览者都能接受、理解，通过通俗易懂的形象来吸引浏览者的注意，以引发他们的联想从而达到信息的认知。尽量避免使用费解的、冷漠的形象进行说教式信息的传递。

图 2-152

3. 形式简洁性

形式简洁能加强网页界面的视觉冲击力，起到迅速传递信息的作用。网页的形式应力求

"删繁就简""以少胜多",摒弃一切分散浏览者注意力的图形、线条等可有可无的装饰性元素,使参与形式构成的诸元素均与欲传递的内容直接相关。各种元素的编排也应简明、清晰。另外,形式简洁也符合形式美的要求。简洁的图形、醒目的文字、大的色块更符合形式美和当今人们的欣赏趣味,令人百看不厌、回味无穷、联想丰富,如图2-153所示。

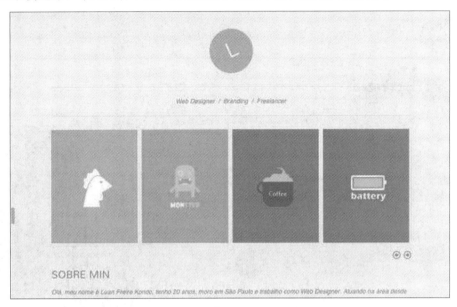

图 2-153

4. 界面一致性

界面一致性是实用性的关键。网页设计应保持一贯性,若网站内导航的位置、页面的版式等不能保持一致性,则会给用户带来混乱感,无法找到需要的信息。另外,网页界面设计应遵循普遍原则,符合浏览者的阅读习惯,才能让用户很容易适应。

5. 使用便利性

在设计时,最重要也是最关键一点就是站在浏览者的立场上去思考设计。做到既能给浏览者带来方便,又兼备视觉冲击力。不能盲目为了网页美观而设计网页,如将网页中的文字调小或变换颜色,使其接近背景色而更具美感,而这样的设计只能给浏览者带来读取网页的不便。

学习体会

上手实操 化妆品网站首页界面的设计制作

本案例将练习制作一个化妆品网站的首页界面，主要涉及的知识点包括使用绘图工具、文字工具、图层蒙版和图层样式来制作网页界面，完成效果如图2-154所示。

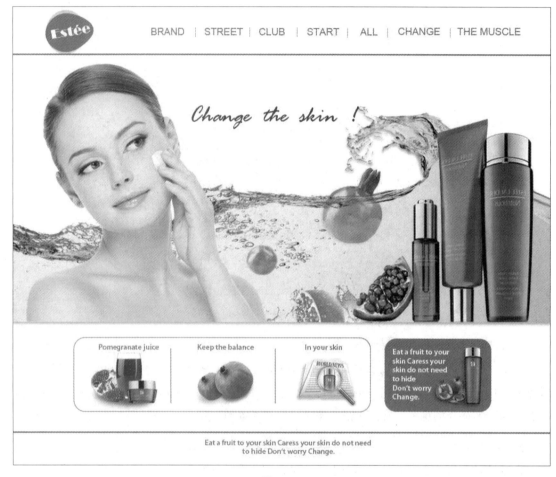

图 2-154

第3章 移动 UI 设计

内容概要

　　本章将详细介绍移动UI界面设计，从设计原则到界面尺寸与控件的设计范围，以及常见的移动UI界面类型及绘制方法。通过本章的学习，读者应能掌握设计制作APP常用界面的规范和方法。

知识要点

● 学习iOS和Android系统界面的设计原则
● 掌握iOS和Android系统的界面尺寸与控件的设计规范
● 了解常见的移动UI界面

数字资源

【本章素材来源】："素材文件\第3章"目录下
【本章上手实操最终文件】："素材文件\第3章\上手实操"目录下

3.1 案例精讲：健康生活APP界面设计

本案例将制作健康生活APP界面，主要包括闪屏页、登录页面、首页、个人中心页和详情页。

3.1.1 制作闪屏页

APP的闪屏页是产品给用户的第一印象。本节主要涉及的知识点包括绘图工具的使用、文字工具的使用以及置入图像命令等。下面将对具体的操作步骤进行介绍。

步骤01 打开Photoshop软件，执行"文件"→"新建"命令，打开"新建文档"对话框，从中设置参数（宽度1125像素、高度2436像素、分辨率300像素/英寸、背景内容为白色），单击"创建"按钮，新建文档，如图3-1所示。

图 3-1

步骤02 执行"视图"→"新建参考线"命令，弹出"新建参考线"对话框，在60像素位置新建一条水平参考线，单击"确定"按钮，完成参考线的创建，如图3-2所示。

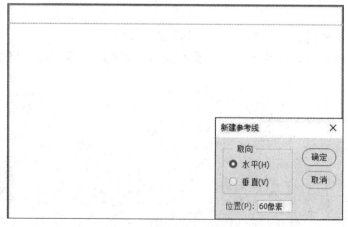

图 3-2

步骤 03 执行"文件"→"置入嵌入对象"命令，弹出"置入嵌入的对象"对话框，选择素材文件"电量条.png"，单击"置入"按钮，按Enter键确认操作，效果如图3-3所示。

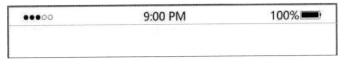

图 3-3

步骤 04 选择"竖排文字工具"，在适当的位置输入并选中文字，执行"窗口"→"字符"命令，弹出"字符"面板，将颜色设为黑色，其他选项的设置如图3-4所示，效果如图3-5所示。

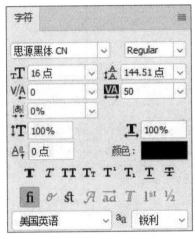

图 3-4

图 3-5

步骤 05 选择"椭圆工具"，绘制椭圆，在属性栏设置颜色为紫色（#5849af），如图3-6所示。

图 3-6

步骤 06 选择"矩形工具"，在"属性"面板中将颜色设置为浅灰色（#ece8ff），在图像窗口中的合适位置绘制矩形，如图3-7所示。

步骤 07 选中矩形，按住Alt+Shift组合键向右水平拖到合适位置，在"属性"面板中更改颜色为黄色（#fac140），如图3-8所示。

图 3-7　　　　　　　　图 3-8

步骤 **08** 使用同样的方法，复制矩形并更改颜色，颜色分别为蓝色（#2c30bf）、红色（#dd4f89）、紫色（#5849af），效果如图3-9所示。

图 3-9

步骤 **09** 最终的闪屏页设计如图3-10所示。

图 3-10

3.1.2 制作登录页面

本节将制作健康生活APP登录页面，涉及的知识点主要包括绘图工具的使用、文字工具的使用以及置入图像命令和图层样式的使用等。下面将对具体的操作步骤进行介绍。

步骤 **01** 执行"文件"→"新建"命令，在打开的"新建文档"对话框中设置参数（宽度1125像素、高度2436像素、分辨率300像素/英寸、背景内容为白色），单击"创建"按钮，新建文档，如图3-11所示。

步骤 **02** 执行"文件"→"置入嵌入对象"命令，弹出"置入嵌入的对象"对话框，选择素材文件"001.jpg"，单击"置入"按钮，按Enter键确认操作，效果如图3-12所示。

扫码观看视频

图 3-11

图 3-12

步骤03 执行"视图"→"新建参考线"命令，弹出"新建参考线"对话框，在60像素位置新建一条水平参考线，参数设置如图3-13所示。

步骤04 单击"确定"按钮，完成参考线的创建，效果如图3-14所示。

图 3-13

图 3-14

步骤05 使用相同的方法，在垂直方向新建两条参考线，参数设置如图3-15、图3-16所示，单击"确定"按钮，完成参考线的创建，效果如图3-17所示。

图 3-15

图 3-16

图 3-17

步骤06 选择"矩形工具"，绘制与文档大小相同的矩形，如图3-18所示。

步骤 07 单击"图层"面板下方的"添加图层样式"按钮，在弹出的菜单中选择"渐变叠加"选项，弹出"图层样式"对话框，单击"点按可编辑渐变"按钮，弹出"渐变编辑器"对话框，分别设置0、100两个位置点的颜色参数为0（#fac140）、100（#5849af），单击"确定"按钮。返回到"图层样式"对话框，其他选项的设置如图3-19所示，单击"确定"按钮。

步骤 08 设置图层的不透明度为72%，效果如图3-20所示。

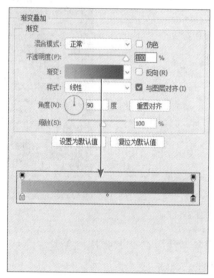

| 图 3-18 | 图 3-19 | 图 3-20 |

步骤 09 选择"矩形工具"，在"属性"面板中设置颜色为白色，在图像窗口中的适当位置绘制矩形，如图3-21所示。

步骤 10 执行"文件"→"置入嵌入对象"命令，弹出"置入嵌入的对象"对话框，选择素材文件"电量条.png"，单击"置入"按钮，按Enter键确认操作，效果如图3-22所示。

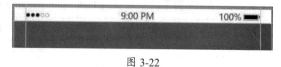

| 图 3-21 | 图 3-22 |

步骤 11 选择"横排文字工具"，输入文字，在"字符"面板中将颜色设为白色，其他选项的设置如图3-23所示，效果如图3-24所示。

| 图 3-23 | 图 3-24 |

步骤 12 继续输入文字并设置相关参数,如图3-25、图3-26所示。

图 3-25

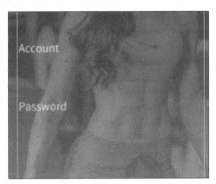

图 3-26

步骤 13 选择"圆角矩形工具",在"属性"面板中设置颜色为灰色(#e2e1e1),其他选项的设置如图3-27所示,在图像窗口中的适当位置绘制矩形,在"图层"面板中设置图层的不透明度为68%,效果如图3-28所示。

步骤 14 选中圆角矩形,按住Alt+Ctrl组合键向下水平拖动,如图3-29所示。

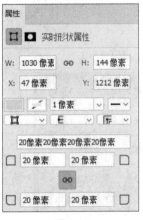

图 3-27

图 3-28

图 3-29

步骤 15 继续绘制圆角矩形,在"属性"面板中设置填充为无、描边为白色,其他选项的设置如图3-30所示,效果如图3-31所示。

图 3-30

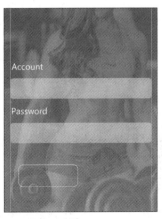

图 3-31

步骤**16** 选中矩形边框，按住Alt+Ctrl组合键向右水平拖动，如图3-32所示。

步骤**17** 选中右边矩形，在"属性"面板中设置填充为灰色（#b9b9b9）、描边为无，效果如图3-33所示。

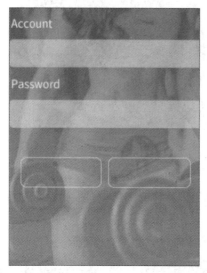 

图 3-32 　　　　　　　　　　　　　　　　图 3-33

步骤**18** 选择"横排文字工具"，在适当位置输入文字，如图3-34、图3-35所示。

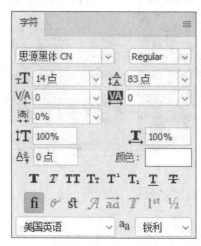 

图 3-34 　　　　　　　　　　　　　　　　图 3-35

步骤**19** 使用相同的方法，在图像窗口中的合适位置输入文字，如图3-36所示。

步骤**20** 选择"矩形工具"，在合适的位置绘制矩形，如图3-37所示。

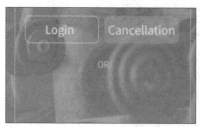 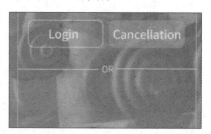

图 3-36 　　　　　　　　　　　　　　　　图 3-37

步骤21 执行"文件"→"置入嵌入对象"命令，弹出"置入嵌入的对象"对话框，选择素材文件"23.png""24.png""27.png"，单击"置入"按钮，将图片置入到图像窗口中。将其拖到适当的位置并调整大小，按Enter键确认操作，如图3-38所示。

步骤22 最终的登录界面设计如图3-39所示。

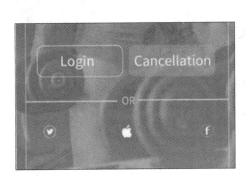

图 3-38

图 3-39

3.1.3　制作首页

本节将制作健康生活APP的首页，涉及的知识点主要包括绘图工具的使用、文字工具的使用以及置入图像命令和剪贴蒙版的使用等。下面将对具体的操作步骤进行介绍。

步骤01 使用相同的参数新建文档，执行"视图"→"新建参考线"命令，弹出"新建参考线"对话框，参数设置如图3-40、图3-41、图3-42所示。

图 3-40

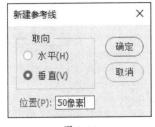

图 3-41

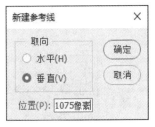

图 3-42

步骤02 单击"确定"按钮，完成参考线的创建，如图3-43所示。

步骤03 设置前景色为紫色（#5849af）。选择"矩形工具"，在合适的位置绘制矩形，如图3-44所示。

步骤04 执行"文件"→"置入嵌入对象"命令，弹出"置入嵌入的对象"对话框，选择素材文件"电量条.png"，将图片置入到图像窗口中。将其拖到适当的位置并调整大小，按Enter键确认操作，如图3-45所示。

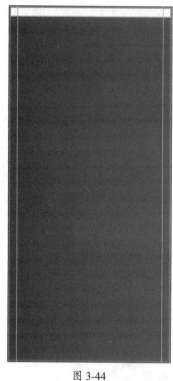

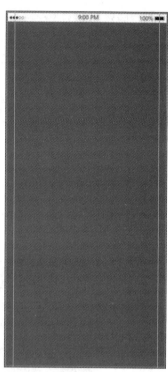

图 3-43 　　　　　　　　　　　　图 3-44 　　　　　　　　　　　　图 3-45

步骤 05 选择"圆角矩形工具"，在"属性"面板中设置填充为白色、描边为无、半径为65像素，如图3-46所示，在适当的位置绘制圆角矩形，效果如图3-47所示。

图 3-46 　　　　　　　　　　　　图 3-47

步骤 06 选中圆角矩形，选择"移动工具"，按住Alt+Shift组合键将其向下拖动，并将该图层命名为"矩形3拷贝"。单击图层"矩形3拷贝"面板下方的"添加图层样式" *fx*，在弹出的菜单中选择"投影"选项，弹出"图层样式"对话框，将阴影颜色设置为深灰色（#dbdbd8），其他选项的设置如图3-48所示。

步骤 07 单击"确定"按钮，效果如图3-49所示。

图 3-48　　　　　　　　　　　　图 3-49

步骤 08 按住Alt+Ctrl组合键向下水平拖动，如图3-50所示。

步骤 09 使用同样的方法，再次复制图像并放置在最下方位置，如图3-51所示，并将图层重命名为"标签栏"。

图 3-50　　　　　　　　　　图 3-51

步骤 10 执行"文件"→"置入嵌入对象"命令，置入素材"17.png"，将其拖到适当的位置并调整大小，按Enter键确认操作，效果如图3-52所示。

步骤 11 选择"椭圆工具"，在图像窗口最下面绘制椭圆，填充颜色为紫色（#5849af），如图3-53所示。

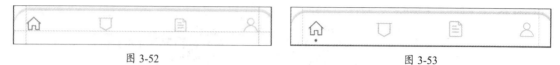

图 3-52   图 3-53

步骤 12 选择"圆角矩形工具"，在"属性"面板中设置填充为红色（#cf4d82）、描边为无、半径为25像素，在适当的位置绘制圆角矩形，参数设置如图3-54所示，效果如图3-55所示。

图 3-54

图 3-55

步骤 13 按住Shift+Alt组合键移动、复制两次并更改为紫色（#5849af）和黄色（#fac140），如图3-56所示。

步骤 14 执行"文件"→"置入嵌入对象"命令，弹出"置入嵌入的对象"对话框，选择并置入素材文件"01.png"，将其拖到适当的位置并调整大小，按Enter键确认操作，如图3-57所示。

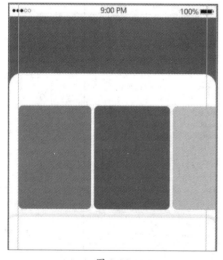

图 3-56

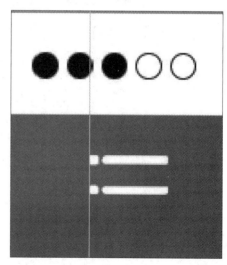

图 3-57

步骤15 选择"横排文字工具",在适当的位置输入文字,在"字符"面板中将颜色设为白色,其他选项的设置如图3-58所示,效果如图3-59所示。

图 3-58

图 3-59

步骤16 继续输入文字,在"字符"面板中将颜色设为黑色,其他参数的设置如图3-60所示,效果如图3-61所示。

步骤17 选中"My challenges"文字,在"字符"面板中更改其颜色为紫色(#5849af),效果如图3-62所示。

图 3-60

图 3-61

图 3-62

步骤18 执行"文件"→"置入嵌入对象"命令,分别置入素材"02.png""03.png""04.png""18.png",将其拖到适当的位置并调整大小,按Enter键确认操作,效果如图3-63所示。

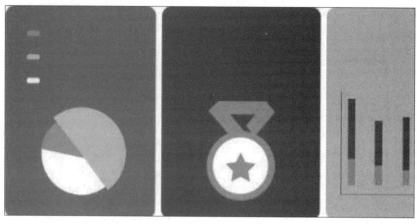

图 3-63

步骤 **19** 选择"横排文字工具",在适当的位置输入文字,在"字符"面板将颜色设为白色,其他参数的设置如图3-64所示,效果如图3-65所示。

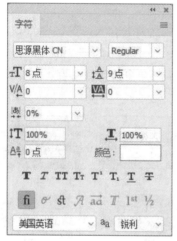

图 3-64

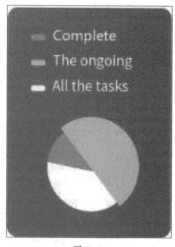

图 3-65

步骤 **20** 继续输入文字并调整文字参数,如图3-66、图3-67所示。

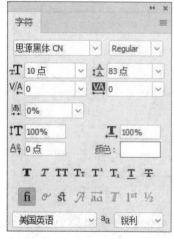

图 3-66

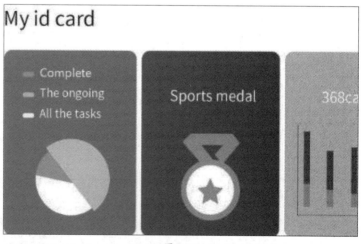

图 3-67

步骤 21 置入素材"08.png",选择"移动工具",按住Shift+Alt组合键将其拖到适当的位置,效果如图3-68所示。

步骤 22 选择"圆角矩形工具",在"属性"面板中设置填充为无、描边为黑色、半径为3像素,在合适位置绘制圆角矩形,如图3-69所示。

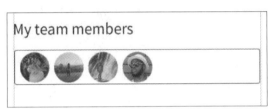

图 3-68

图 3-69

步骤 23 执行"文件"→"置入嵌入对象"命令,分别置入素材文件"05.png""06.png""07.png""08.png"。将其拖到适当的位置并调整大小,按Enter键确认操作,效果如图3-70所示。

步骤 24 选择"椭圆工具",在属性栏中更改颜色为绿色(#40fa49),在适当的位置绘制椭圆,如图3-71所示。

图 3-70

图 3-71

步骤 25 选择"移动工具",按住Shift+Alt组合键水平移动复制3次,效果如图3-72所示。

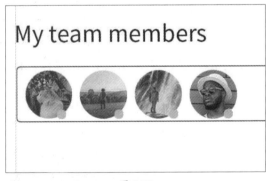

图 3-72

你学会了吗?

步骤 26 选择"横排文字工具",在适当的位置输入文字,在"字符"面板中将颜色设为白色,其他参数的设置如图3-73所示,效果如图3-74所示。

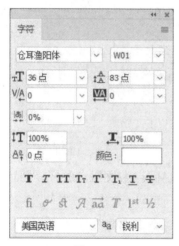

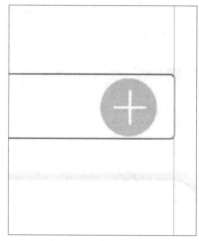

图 3-73   图 3-74

步骤 27 执行"视图"→"新建参考线"命令,弹出"新建参考线"对话框,在690像素的位置新建一条垂直参考线,参考线设置如图3-75所示,单击"确定"按钮,完成参考线的创建,效果如图3-76所示。

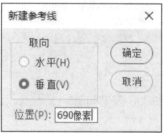

图 3-75   图 3-76

步骤 28 选择"圆角矩形工具",在属性栏中将半径设置为40像素,在适当的位置绘制矩形,如图3-77所示。

步骤 29 执行"文件"→"置入嵌入对象"命令,置入素材文件"007.jpg",将其拖到适当的位置并调整大小,按Enter键确认操作,效果如图3-78所示。

图 3-77   图 3-78

步骤30 按Alt+Ctrl+G组合键创建剪贴蒙版，如图3-79、图3-80所示。

图 3-79

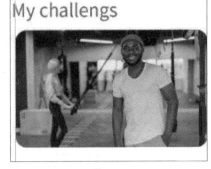

图 3-80

步骤31 使用上述方法分别置入文件"004.jpg""002.jpg""014.jpg"，拖到适当的位置，并为其创建剪贴蒙版，效果如图3-81所示。

步骤32 在"图层"面板中调整图层顺序，效果如图3-82所示。

图 3-81

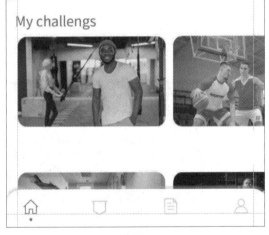

图 3-82

步骤33 选择"横排文字工具"，在适当的位置输入文字，在"字符"面板中将颜色设为灰色（#868686），其他参数的设置如图3-83所示，效果如图3-84所示。

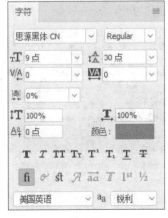

图 3-83

图 3-84

步骤 34 继续输入文字并更改字符行距，如图3-85、图3-86所示。

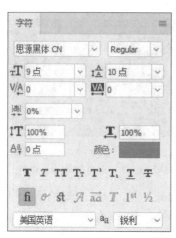

图 3-85

图 3-86

步骤 35 执行"文件"→"置入嵌入对象"命令，置入素材文件"09.png"，将其拖到适当的位置并调整大小，按Enter键确认操作，如图3-87所示。

步骤 36 使用同样的方法，置入素材文件"10.png"，按Enter键确认操作，效果如图3-88所示。

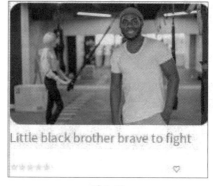

图 3-87

图 3-88

步骤 37 选择"横排文字工具"，在适当的位置输入文字，在"字符"面板中将颜色设为灰色（#868686），其他参数的设置如图3-89所示，效果如图3-90所示。

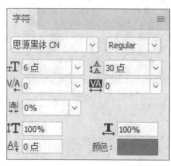

图 3-89

图 3-90

步骤38 在图像窗口中选中五角星图层，选择"移动工具"，按住Shift+Alt组合键将其移动复制到适当的位置，效果如图3-91所示。

步骤39 最终的首页设计如图3-92所示。

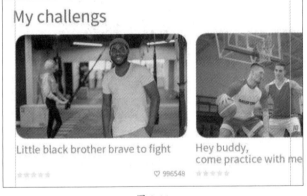

图 3-91

图 3-92

3.1.4 制作个人中心页

本节将制作健康生活APP的个人中心页，涉及的知识点主要包括绘图工具的使用、文字工具的使用以及置入图像命令和剪贴蒙版的使用等。下面将对具体的操作步骤进行介绍。

步骤01 使用相同的参数新建文档。执行"视图"→"新建参考线"命令，弹出"新建参考线"对话框，参数设置如图3-93、图3-94、图3-95所示。

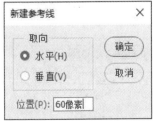

| 图 3-93 | 图 3-94 | 图 3-95 |

步骤02 单击"确定"按钮,完成参考线的创建,效果如图3-96所示。

图 3-96

步骤03 选择"矩形工具",在 "属性"面板中设置颜色为黄色(#fac140),在图像窗口中绘制矩形,如图3-97所示。

步骤04 选择"圆角矩形工具",在 "属性"面板中设置颜色为紫色(#fac140)、半径为65像素,如图3-98所示,在图像窗口中的合适位置绘制矩形,如图3-99所示。

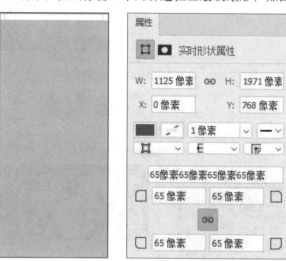

图 3-97   图 3-98   图 3-99

步骤05 执行"视图"→"新建参考线"命令,弹出"新建参考线"对话框,参数设置如图3-100所示,单击"确定"按钮,完成参考线的创建,如图3-101所示。

图 3-100   图 3-101

步骤06 使用同样的方法,置入素材"电量条.png""20.png",效果如图3-102所示。

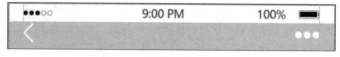

图 3-102

步骤 07 使用同样的方法，置入素材"08.png"，效果如图3-103所示。

步骤 08 选择"横排文字工具"，在适当的位置输入文字，在"字符"面板中将颜色设为黑色，其他选项的设置如图3-104所示。

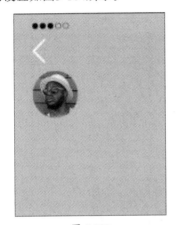

图 3-103

图 3-104

步骤 09 继续输入文字，在"字符"面板中将颜色设置为灰色（#7c7979），如图3-105、图3-106所示。

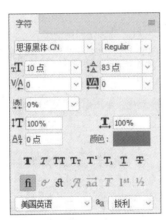

图 3-105

图 3-106

步骤 10 继续输入文字，如图3-107、图3-108所示。

图 3-107

图 3-108

步骤 11 执行"文件"→"置入嵌入对象"命令,弹出"置入嵌入的对象"对话框,选择素材文件"21.png",单击"置入"按钮,将图片置入到图像窗口中。将其拖到适当的位置并调整大小,按Enter键确认操作,如图3-109所示。

图 3-109

步骤 12 选择"矩形工具",在属性栏中将颜色设置为灰色(#ece8ff),在图像窗口中的合适位置绘制矩形,如图3-110所示。

步骤 13 继续绘制矩形,设置填充为红色(#dd4f89),效果如图3-111所示。

图 3-110

图 3-111

步骤 14 选择"横排文字工具",在适当的位置输入文字,在"字符"面板设置参数(如图3-112所示),效果如图3-113所示。

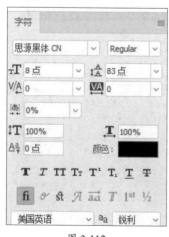

图 3-112

图 3-113

步骤 15 继续输入文字,如图3-114所示。

步骤 16 选中文字部分,将字号调整为13点,颜色更改为紫色(#5849af),如图3-115所示。

图 3-114

图 3-115

步骤 17 选择"圆角矩形工具"，在"属性"面板将颜色设置为白色，其他选项的设置如图3-116所示，效果如图3-117所示。

图 3-116

图 3-117

步骤 18 选择"横排文字工具"，在适当的位置输入文字，在"字符"面板中将颜色设为灰色（#a3a3a3），其他选项的设置如图3-118所示，按Enter键确认操作，效果如图3-119所示。

图 3-118

图 3-119

步骤 **19** 选择"圆角矩形工具",在"属性"面板中设置颜色为灰色(#ece8ff),其他参数如图3-120所示,在图像窗口中的合适位置绘制矩形,如图3-121所示,将其命名为"底部1"。

步骤 **20** 选择"移动工具",按住Shift+Alt组合键移动复制两次,如图3-122所示,分别将其命名为"底部2""底部3"。

图 3-120

图 3-121

图 3-122

步骤 **21** 执行"文件"→"置入嵌入对象"命令,置入素材文件"015.jpg",将其图层移动到图层"底部1"的上方。按Ctrl+Alt+G组合键,创建剪贴蒙版,如图3-123所示。

步骤 **22** 使用相同的方法,分别置入素材"006.jpg""005.jpg"并创建剪贴蒙版,如图3-124所示。

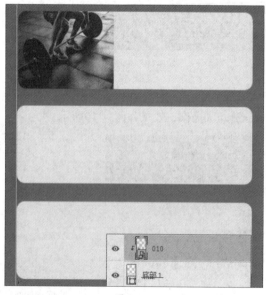

图 3-123

图 3-124

步骤23 选择"圆角矩形工具",在"属性"面板中设置颜色为白色,其他选项的设置如图3-125所示,效果如图3-126所示。

图 3-125

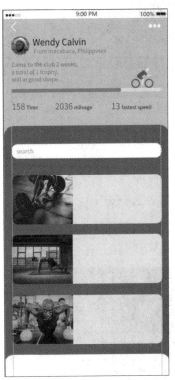

图 3-126

步骤24 执行"文件"→"置入嵌入对象"命令,置入素材文件"19.png",将其拖到适当的位置并调整大小,按Enter键确认操作,如图3-127所示。

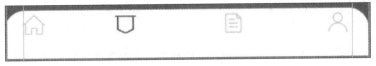

图 3-127

步骤25 选择"椭圆工具",在图像窗口最下方绘制椭圆,设置填充为紫色(#5849af),如图3-128所示。

图 3-128

步骤26 选择"横排文字工具",在适当的位置输入文字,在"字符"面板中将颜色设为黑色,其他选项的设置如图3-129所示,按Enter键确认操作,效果如图3-129所示。

步骤27 使用相同的方法,输入文字,效果如图3-130所示。

图 3-129

图 3-130

步骤 28 执行"文件"→"置入嵌入对象"命令,置入素材文件"22.png",将其拖到适当的位置并调整大小,按Enter键确认操作,如图3-131所示。

步骤 29 在"22.png"图像上,按住Alt+Shift组合键拖到合适的位置,如图3-132所示。

图 3-131

图 3-132

步骤 30 选择"横排文字工具",输入文字,在"字符"面板上设置颜色为灰色(#9693a3),如图3-133、图3-134所示。

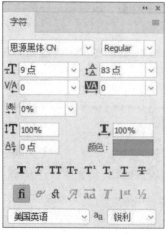

图 3-133

图 3-134

步骤 31 执行"文件"→"置入嵌入对象"命令，置入素材文件"03.png"，将其拖到适当的位置并调整大小，按Enter键确认操作，如图3-135所示。

步骤 32 选中"03.png"图像，按住Alt+Shift组合键拖到合适的位置，如图3-136所示。

图 3-135

图 3-136

步骤 33 最终的个人中心页设计如图3-137所示。

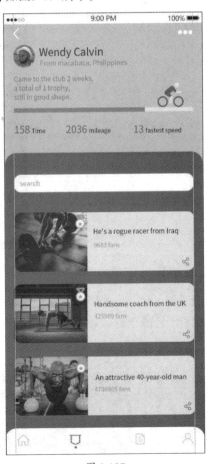

图 3-137

3.1.5 制作详情页

本节将制作健康生活APP的详情页，涉及的知识点主要包括绘图工具的使用、文字工具的使用以及置入图像命令和剪贴蒙版的使用等。下面将对具体的操作步骤进行介绍。

步骤01 使用相同的参数新建文档，执行"视图"→"新建参考线"命令，弹出"新建参考线"对话框，参数设置如图3-138、图3-139、图3-140所示。

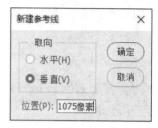

图 3-138　　　　　　　　　图 3-139　　　　　　　　　图 3-140

步骤02 单击"确定"按钮，完成参考线的创建，效果如图3-141所示。

步骤03 选择"矩形工具"，在属性栏中设置颜色为紫色（#5849af），在图像窗口中的合适位置绘制矩形，如图3-142所示。

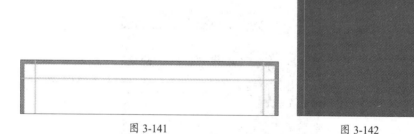

图 3-141　　　　　　　　　　　　　　　　　　图 3-142

步骤04 执行"视图"→"新建参考线"命令，弹出"新建参考线"对话框，参数设置如图3-143所示，单击"确定"按钮，完成参考线的创建，效果如图3-144所示。

图 3-143　　　　　　　　　　　图 3-144

步骤 05 执行"文件"→"置入嵌入对象"命令，置入素材文件"20.png""电量条.png"，将其拖到适当的位置并调整大小，按Enter键确认操作，效果如图3-145所示。

步骤 06 使用相同的方法，置入素材"08.png"，放置在图像窗口中的合适位置，如图3-146所示。

图 3-145

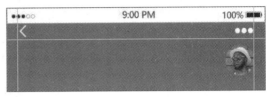

图 3-146

步骤 07 选择"横排文字工具"，输入文字，在"字符"面板中设置颜色为白色，其他选项的设置如图3-147所示，效果如图3-148所示。

图 3-147

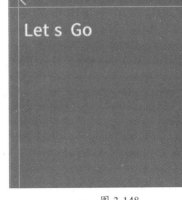

图 3-148

步骤 08 选择"矩形工具"，在属性栏中设置颜色为白色、描边为无，在图像窗口中的合适位置绘制矩形，如图3-149所示。

步骤 09 选择"移动工具"，按住Shift+Alt组合键向下垂直拖动，如图3-150所示。

图 3-149

图 3-150

步骤 10 选择"圆角矩形工具"，在"属性"面板中设置颜色为灰色（#fbf4f4），其他选项的设置如图3-151所示，效果如图3-152所示。

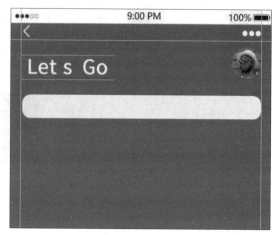

图 3-151

图 3-152

步骤11 选择"横排文字工具"，输入文字，在"字符"面板中设置颜色为灰色（#706d6d），其他选项的设置如图3-153所示，效果如图3-154所示。

图 3-153

图 3-154

步骤12 选择"圆角矩形工具"，在"属性"面板中设置颜色为黄色（#fac140），其他选项的设置如图3-155所示，在合适的位置绘制矩形，如图3-156所示。

图 3-155

图 3-156

步骤13 选择"自定形状工具",在属性栏的"形状"下拉列表框中选择"旧版形状及其他"→"所有旧版默认形状.csh"→"Web"文件夹,找到如图3-157所示的形状,按住Shift键拖到图像窗口中,如图3-158所示。

图 3-157

图 3-158

步骤14 在属性栏中更改其颜色为白色,如图3-159所示。按Ctrl+T组合键选中形状,调整大小,并放置在合适位置,如图3-160所示。

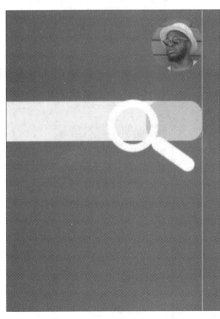

图 3-159

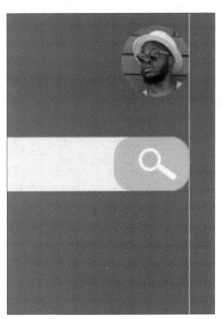

图 3-160

步骤15 执行"文件"→"置入嵌入对象"命令,置入素材文件"014.jpg",将其拖到适当的位置并调整大小,按Enter键确认操作,如图3-161所示。

步骤16 按Ctrl+Alt+G组合键创建剪贴蒙版,如图3-162所示。

图 3-161 图 3-162

步骤 **17** 选择"横排文字工具"，在"字符"面板中设置颜色为黑色，其他选项的设置如图3-163所示，在图像窗口中的合适位置输入文字，如图3-164所示。

步骤 **18** 更改字号为9号，继续输入文字，如图3-165所示。

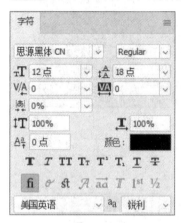

图 3-163 图 3-164 图 3-165

步骤 **19** 选择"圆角矩形工具"，在"属性"面板中设置颜色为白色，其他选项的设置如图3-166所示，在图像窗口中的适当位置绘制矩形，如图3-167所示。

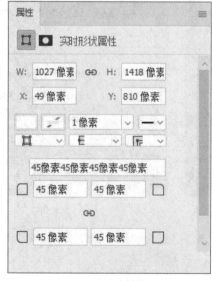

图 3-166 图 3-167

步骤20 执行"文件"→"置入嵌入对象"命令,置入素材文件"003.jpg",将其拖到适当的位置并调整大小,按Enter键确认操作,如图3-168所示。

步骤21 选中图层"003",按Ctrl+Alt+G组合键创建剪贴蒙版,如图3-169所示。

图 3-168

图 3-169

步骤22 选择"圆角矩形工具",在"属性"面板中设置填充为黄色(#fac140),其他选项的设置如图3-170所示,在图像窗口中的合适位置绘制矩形,如图3-171所示。

图 3-170

图 3-171

步骤23 选中圆角矩形,单击"图层"面板下方的"添加图层样式"按钮 *fx*,在弹出的菜单中选择"投影"选项,弹出"图层样式"对话框,设置阴影颜色为#838383,其他选项的设置如图3-172所示。

步骤24 单击"确定"按钮,效果如图3-173所示。

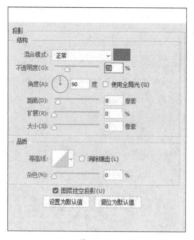

图 3-172

图 3-173

步骤 25 选择"横排文字工具",在"字符"面板中设置颜色为白色,其他选项的设置如图3-174所示,在图像窗口中的适当位置输入文字,如图3-175所示。

图 3-174

图 3-175

步骤 26 使用相同的方法,绘制椭圆并添加相同的投影效果,如图3-176所示。

步骤 27 选择"多边形工具",在属性栏中设置边数为3,在图像窗口中的合适位置绘制形状,如图3-177所示。

图 3-176

图 3-177

步骤 28 执行"文件"→"置入嵌入对象"命令，置入素材文件"25.png"，将其拖到适当的位置并调整大小，按Enter键确认操作，如图3-178所示。

图 3-178

步骤 29 选择"横排文字工具"，在"字符"面板中设置颜色为黄色（#fac140），其他选项的设置如图3-179所示，在图像窗口中的合适位置输入文字，如图3-180所示。

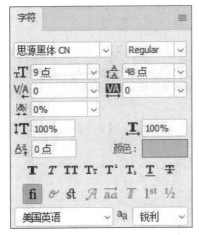

图 3-179

图 3-180

步骤 30 继续输入文字，如图3-181、图3-182所示。

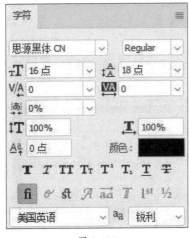

图 3-181

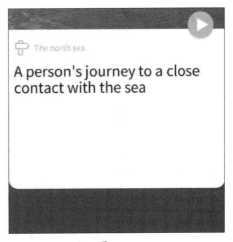

图 3-182

步骤 31 继续输入文字，在"字符"面板中设置颜色为灰色（#6b6767），其他选项的设置如图3-183所示，在图像窗口适当的位置输入文字，如图3-184所示。

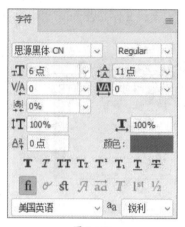

图 3-183

图 3-184

步骤 32 选择"圆角矩形工具",在"属性"面板中设置填充为白色,其他选项的设置如图3-185所示,在图像窗口中的适当位置绘制矩形,如图3-186所示。

图 3-185

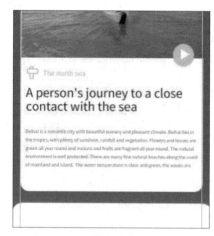

图 3-186

步骤 33 执行"文件"→"置入嵌入对象"命令,置入素材文件"26.png",将其拖到适当的位置并调整大小,按Enter键确认操作,如图3-187所示。

步骤 34 选择"椭圆工具",在"属性"面板中更改颜色为黄色(#fac140),在图像窗口最底部绘制椭圆,效果如图3-188所示。

图 3-187

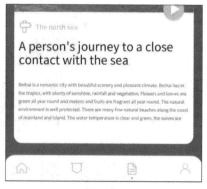

图 3-188

步骤 35 最终的详情页设计如图3-189所示。

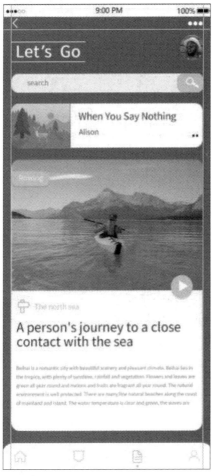

图 3-189

3.2 iOS系统的设计原则

iOS系统的设计原则包括统一化、凸显内容、适应化、层级性和易操作性。

1. 统一化

iOS系统的统一化设计原则，主要体现为视觉统一和交互统一，字体、颜色、图标等都应保持关联性与连续性。以半透明的视觉效果为例，它能极大地加强整个场景的代入感，保持整体的连续性，如图3-190所示。

学习体会

图 3-190

2. 凸显内容

iOS系统的凸显内容原则，是指在系统界面中去除多余的元素，做到极简设计。如图3-191所示，可将整个屏幕作为一个背景进行设计，提高界面信息的聚合度。

图 3-191

3. 适应化

iOS系统的适应化原则包括两个方面，一方面是场景适应，另一方面是屏幕适应。如图3-192所示，整个界面的文字大小，可以按照用户的喜好调节，让用户感受iOS系统的智能性。

图 3-192

4. 层级性

iOS系统的层级性设计原则，是指注重当前页面层级的表达，让用户的视线都集中在主要的内容上。层级感就好比是一个抽屉空间，拉出抽屉后，东西都在里面整齐地排列着，这就是通过纵深方式向用户传达一定的层级关系，如图3-193所示。

图 3-193

5. 易操作性

iOS系统的易操作性设计原则，是指保证用户在操作起来更加方便，同时避免误操作，如图3-194所示。在按钮及选项的数量和距离上，要保持足够的间距。一般情况下，界面的横向选项不要超过6个。

图 3-194

3.3 iOS界面尺寸与控件的设计规范

iOS界面设计规范包括界面尺寸和控件规范两种。

3.3.1 界面尺寸

iOS设备常见的界面尺寸如表3-1所示。在进行界面设计时，为了适配多种尺寸，都是以iPhone XS MAX为基准的。如果使用Photoshop，可创建1242 px×2688 px尺寸的画布，状态栏的尺寸为132 px，导航栏的尺寸为60 px，标签栏的尺寸为146 px。

表 3-1　iOS 设备常见的界面尺寸

设备名称	屏幕尺寸	PPI	竖屏分辨率
iPhone 13 Pro	6.1 in	460	2532 px × 1170 px
iPhone 13 Pro Max	6.7 in	458	2778 px × 1284 px
iPhone 13 mini	5.4 in	476	2340 px × 1080 px
iPhone 13	6.1 in	460	2532 px × 1170 px
iPhone 12 Pro	6.1 in	460	2532 px × 1170 px
iPhone 12 Pro Max	6.7 in	458	2778 px × 1284 px
iPhone 12	6.1 in	458	2532 px × 1170 px
iPhone 11	6.1 in	326	1792 px × 828 px
iPhone XS MAX	6.5 in	458	1242 px × 2688 px
iPhone XS	5.8 in	458	1125 px × 2436 px
iPhone XR	6.1 in	326	828 px × 1792 px
iPhone X	5.8 in	458	1125 px × 2436 px

3.3.2 控件规范

1. iOS界面结构

iOS界面主要由状态栏、导航栏、标签栏组成，其结构如表3-2所示。

表3-2 iOS界面结构参数表

设备	尺寸	像素密度	状态栏高度	导航栏高度	标签栏高度
iPhone XS Max	1242 px × 2688 px	458 PPI	132 px	132 px	147 px
iPhone X	1125 px × 2436 px	458 PPI	132 px	132 px	147 px

2. iOS布局

iOS系统也被称为栅格系统，可利用Photoshop软件中水平和垂直方向的参考线，将页面分割成若干规则的列或格子，再以这些列或格子为基准进行页面布局设计，这样就能使界面布局更加规范且有秩序，如图3-195所示。

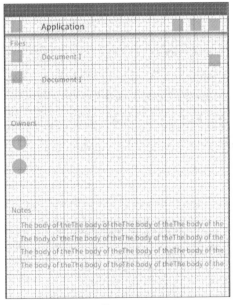

图 3-195

3.4 Android系统的设计原则

Android系统的设计原则包括核心视觉载体、层级空间、动画、颜色。

1. 核心视觉载体

核心视觉载体是指主视觉、宣传画、关键影像等，是用于通过网络对用户宣传产品核心价值的顶级视觉作品。核心视觉载体原则是Android系统传递产品视觉常用的范式。

2. 层级空间

层级空间是指给设计元素进行等级区分排列，让用户按照设定好的顺序，查看界面上的一些信息。通过对比、组合和平衡等原则，可将每个元素摆放在合理的位置，并突出重要的元素，如图3-196所示。

图 3-196

3. 动画

在Android应用项目开发过程中，为了实现多种效果，可以使用动画增强画面效果，如图3-197所示。其中动画的分类有逐帧动画，即按照顺序去播放事先做好的动画；补间动画，即通过对场景里的对象不断进行图像变换（旋转、缩放、平移）来做出效果；属性动画，即补间动画的增强版，能够让对象执行所需要的动画；过渡动画，即字面意思，是指一个从A界面转到B界面的效果的动画。

图 3-197

4. 颜色

在Android应用项目开发过程中，对于界面颜色没有太严格的规定。

3.5　Android界面尺寸与控件的设计规范

　　Android手机界面的样式是千差万别的，因为设计师在开发一个产品时要有自己独立的一套主题系统，不同产品的界面主题以及交互都有很大的区别，包括颜色、尺寸、间距等。

3.5.1　界面尺寸

　　在进行界面设计时，如果想要能够适配Android和iOS，可使用Photoshop新建720 px × 1280 px 尺寸的画布；如果根据Material Design 新规范单独设计Android的设计稿，需要使用Photoshop新建1080 px × 1920 px尺寸的画布。但无论哪种需求，在使用Sketch进行设计时，建立360 dp × 640 dp尺寸的画布即可。表3-3所示为Android系统界面尺寸一览表。

表 3-3　Android 系统界面尺寸一览表

名称	尺寸	网点密度	像素比	示例	对应像素
xxxhdpi	2160 px × 3840 px	640	4.0	48 dp	192 px
xxhdpi	1080 px × 1920 px	480	3.0	48 dp	144 px
xhdpi	720 px × 1280 px	320	2.0	48 dp	96 px
hdpi	480 px × 800 px	240	1.5	48 dp	72 px
mdpi	320 px × 480 px	160	1.0	48 dp	48 px

3.5.2　控件规范

1. Android界面

Android界面主要由状态栏、导航栏和菜单栏组成，其结构如图3-198所示。

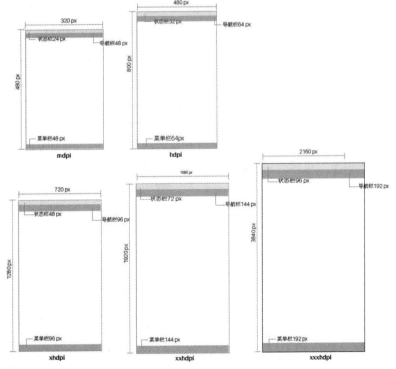

图 3-198

2. Android界面字体

Android界面中的中文字体一般使用思源黑体Source Han Sans\Noto，而英文字体一般使用Roboto。以720 px×1280 px尺寸为例，展示不同位置的字体大小规范，如表3-4所示。

表3-4 字体规范示例

名称	导航栏标题	小标题	正文	底部标签栏文字	图标文字
字号	32~40 px	32~36 px	24~32 px	20 px	22~44 px

🛈 **说明：** Android界面文字没有一定的规范，相较iOS来说比较开放，可根据界面的美观来规范字体大小，前提是字号不小于20 px。

3. Android图标尺寸

Android界面的最小点击区域是48 px，如图3-199所示，最好是能被4或8整除。

图 3-199

3.6　常见的移动UI界面

界面设计在产品用户体验中占有重要的地位。在APP中，常见的UI界面有闪屏页、引导页与浮层引导页、空白页、首页、个人中心页、列表页、播放页和详情页等。

3.6.1　闪屏页

闪屏页又称为"启动页"，是用户点击APP图标后预先加载的一张图片，是APP应用的第一窗口。闪屏页可以传达很多内容，如产品的基本信息和活动内容等，这是用户对产品的第一印象，是情感化设计的重要组成部分，其类型可分为品牌宣传型、节假日关怀型、活动推广型等。

1. 品牌宣传型

品牌宣传型闪屏页是为表现产品品牌而设计的，基本采用"产品Logo+产品名称+宣传语"的简洁化设计形式，如图3-200、图3-201、图3-202所示。

你学会了吗?

图 3-200   图 3-201   图 3-202

2. 节假日关怀型

节假日关怀型的闪屏页是为了营造节假日氛围，同时凸显产品品牌而设计的，大多采用"Logo+内容插画"的设计形式，让用户感受到节假日的关怀与祝福，如图3-203、图3-204所示。

图 3-203   图 3-204

3. 活动推广型

活动推广型的闪屏页是为推广活动或广告而设计的，通常会将推广的内容直接设计在闪屏页内，大多数采用插画或者是海报的形式，如图3-205、图3-206所示。

图 3-205　　　　　　　　　　图 3-206

3.6.2　引导页与浮层引导页

引导页是用户第一次安装APP或是更新之后打开看到的第一张图片，一般是由3~5页的界面组成，无须设计太多，引导页可以帮助用户快速了解产品的主要功能和特点，它可以细分为功能介绍型、情感型、幽默型等。

1. 功能介绍型

功能介绍型引导页是引导页中最基础的一种，主要对产品的新功能进行展示，常用于产品的大更新中。功能介绍型多采用插画的设计形式，以达到在短时间内吸引用户的目的，如图3-207、图3-208、图3-209所示。

图 3-207　　　　　　　图 3-208　　　　　　　图 3-209

2. 情感型

情感型引导页常用于表达产品的价值，让用户更了解产品的情怀，多采用与企业形象和产品风格一致的生动化、形象化和立体化的设计形式，让用户感受到画面的精美，如图3-210、图3-211、图3-212所示。

图 3-210   图 3-211   图 3-212

3. 幽默型

幽默型引导页的设计难度相对较大，主要是站在用户的角度介绍APP的特点与功能。多采用夸张的拟人手法，让用户产生身临其境的感觉，如图3-213、图3-214、图3-215所示。

图 3-213   图 3-214   图 3-215

3.6.3 空白页

空白页是APP界面设计中针对一些诸如"没有内容""没有网络"等一些错误或特殊情况而设计的。

设计者设计APP空白页的首要目的是教会用户如何去使用APP。如果用户下载软件后不了解软件的功能，那这款产品就是失败的。所以需要设计空白页来告诉客户如何使用此产品，如图3-216所示。

当用户进行某种操作时，显示操作失败，此时就会出现类似如图3-217所示的空白页，此时空白页的作用就是告知用户如何去解决这个问题，而不是真正的空白。

图 3-216　　　　　　　　　　　　　图 3-217

3.6.4 首页

首页又称为"起始页"，是用户使用APP的第一页。它承担了产品最核心的功能，展示产品的品牌形象，以便用户快速进入相对应的板块。首页的类型可以细分为列表型、图标型、卡片型、综合型等。

1. 列表型

列表型首页是指在页面上将同级别的模块进行分类展示，常用于以数据展示、文字阅读等为主的APP。多采用单一的设计方式和自上而下的浏览方式，可以快速过滤信息，提高用户使用效率，如图3-218、图3-219所示。

图 3-218

图 3-219

2. 图标型

图标型首页是在页面上将重要的功能以矩形模块进行展示，常用于工具类APP，通过矩形模块的设计形式刺激用户点击，如图3-220、图3-221所示。

图 3-220

图 3-221

3. 卡片型

卡片型首页是在页面上将图形、文字、按钮等元素全部放置在同一张卡片中，再将卡片进行有规律的分类摆放，形成统一的界面排版风格。这样的界面版式，不仅让用户一目了然，更能刺激用户对产品内容的点击欲，如图3-222、图3-223所示。

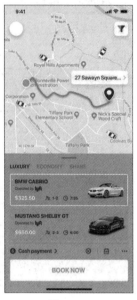

图 3-222　　　　　　　　　图 3-223

4. 综合型

综合型的首页是由搜索栏、Banner、金刚区、瓷片区及标签栏等组成的界面，在设计时要特别注意分割线和颜色的区别，选择较淡的分割线和背景来区分较好。这种APP界面的应用范围比较广，多用于电商类APP、教育类APP、旅游类APP等。这种类型的首页可采用丰富的设计形式，能很好地满足用户的需求，如图3-224、图3-225所示。

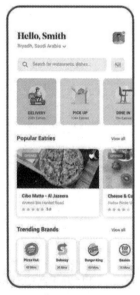

图 3-224　　　　　　　　　图 3-225

3.6.5 个人中心页

个人中心页是一款APP所有功能点的集合入口，重要性仅次于首页，主要用于展示个人信息，通常由头像和信息内容组成。个人中心页的设计原则是"高效+简单+特色"，它们是不可或缺的三大要素。个人中心页有时也会以打开抽屉的形式出现，如图3-226、图3-227所示。

图 3-226

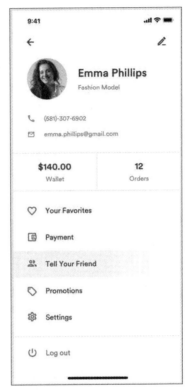

图 3-227

3.6.6 列表页

列表页主要用于帮助用户快速找到想要的信息。列表页可以将一些烦琐的数据进行分类排列，这样可以方便用户筛选要查找的选项，帮助用户更高效地找到相关信息。列表页的类型可以细分成单行列表、双行列表、时间轴、图库列表等。

1. 单行列表

大多数消费类产品的页面都会以单行列表来展示，左边为图、右边为文字介绍等信息，这样的展示便于用户阅读，如图3-228、图3-229所示。

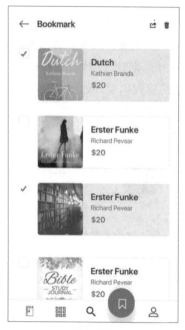

图 3-228

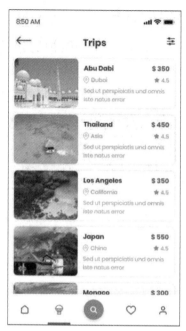

图 3-229

2. 双行列表

双行列表型的页面更加节省空间，多数为上方图片、下方文字信息的形式，这样的排版方式更加整齐，如图3-230、图3-231所示。

图 3-230

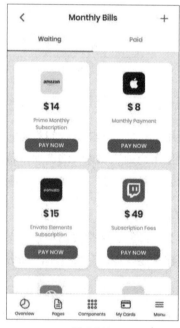

图 3-231

3. 时间轴

时间轴这种列表页面形式能更好地凸显每条信息之间、每条信息与时间之间的关系，可以让用户在使用时更有条理。例如，左边为时间轴、右边为对应的图文信息展示，如图3-232所示。

4. 图库列表

图库列表这种列表页面是为了更好地将图片进行分类处理，可以按照图片的类型，也可以按照拍摄的地点，或是按拍摄的日期来自动分类，如图3-233所示。

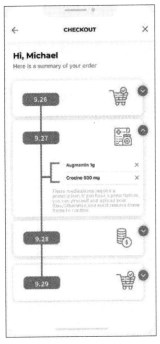

图 3-232

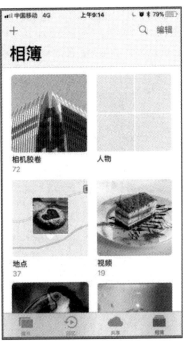

图 3-233

3.6.7 播放页

APP的播放页无须过多的交互设计，满足基本的操作需要即可。首先从视觉层面上，质感要好，要让用户很容易地识别出播放按钮，如图3-234、图3-235所示。

图 3-234

图 3-235

3.6.8 详情页

详情页用于APP展示产品详细信息，是影响产品转化率的重要因素。优秀的详情页可以给消费者带来更舒服、流畅的浏览体验。详情页的页面内容丰富，多以图文为主。

1. 普通型

普通型的详情页是对产品的介绍，基本上能够满足用户的阅读即可，如图3-236、图3-237所示。

图 3-236　　　　　　　　　图 3-237

2. 销售型

销售型的详情页多数为电商类的详情页，这就需要通过详情页页面留住客户，打动客户购买此商品。一般可通过详情页的文案描述和页面的画面展示，以诱导的方式达到目的，如图3-238、图3-239所示。

图 3-238　　　　　　　　　图 3-239

经验之谈 iOS 系统与 Android 系统的对比

1. iOS系统

苹果iOS是由苹果公司开发的手持设备操作系统。苹果公司最早于2007年1月9日的MacWorld大会上公布了这个系统，最初是设计给iPhone使用的，后来陆续套用到iPod touch、iPad以及Apple TV等苹果产品上。iOS与苹果的MacOS X操作系统一样，它也是以Darwin为基础的，因此同样属于类Unix的商业操作系统。原本这个系统名为iPhone OS，直到2010年6月7日WWDC大会上才宣布改名为iOS。

2. Android系统

Android是Google于2007年11月5日宣布的基于Linux平台的开源移动操作系统的名称，该平台由操作系统、中间件、用户界面和应用软件组成。它采用软件堆层（Software Stack，又名软件叠层）的架构，主要分为三部分。底层以Linux内核工作作为基础，由C语言开发，只提供基本功能；中间层包括函数库Library和虚拟机Virtual Machine，由C++开发；最上层是各种应用软件，包括通信程序、短信程序等，应用软件则由各公司自行开发。程序的任一部分都不存在任何以往阻碍移动产业创新的专有权障碍，号称是首个为移动终端打造的真正开放和完整的移动软件。

3. iOS与Android在系统架构上的区别

iOS的系统核心、基础服务和应用框架都采用C/C++或Object-C开发，而其应用则采用CocoaTouch框架，以Object-C开发，应用编译后以本机代码在设备上运行，因此具有很高的运行效率。系统结构分为以下4个层次：核心操作系统、核心服务层、媒体层和触摸框架层。系统操作占用大概240 MB的存储器空间，主要是针对应用而开发的。

Android系统是一种基于Linux的自由及开放源代码的操作系统，主要用于便携设备，如智能手机和平板电脑。其系统结构分为以下4个层次：应用程序层、应用程序框架层、系统运行库层和Linux核心层。Android是基于Linux内核设计，架构有点像系统上又套了个系统，不像iOS是与硬件底层直接通信的。所以导致其执行效率相比iOS系统要低不少。所以会有卡顿、延迟，不像iOS系统操作起来那般流畅。

4. iOS与Android在界面设计风格上的区别

目前，iOS系统回归到了极简的风格，即采用扁平化的设计和鲜明的配色，以及多图层的呈现形式，形成了"简洁之美，将影响深远，包容、高效"的设计理念。真正的极简不仅仅是去掉了多余的修饰，也给复杂带来了秩序。iOS界面特征主要有：扁平化的正方形圆角图标、纤细风格的字体、清新元素与模糊背景之间的高反差设计等。

Android系统具有很强的开放性和极高的界面设计自由度，其界面表现比iOS系统更为丰富和多变。其界面特征主要有：带有阴影的图标样式、质感丰富且立体的界面元素等。

上手实操 领读 APP 界面的设计制作

本案例练习制作领读APP界面，学会使用不同的绘图工具绘制各区域，使用图层样式添加特殊的效果，并使用移动工具调整装饰图片，完成效果如图3-240所示。

图 3-240

● 使用"椭圆形状工具""矩形选框工具""圆角矩形工具"等，绘制各区域

● 建立分割线，做出区域划分

● 使用"置入"命令，置入图片

● 使用图层样式，添加各种效果

● 使用"横排文字工具"，添加文字

第4章 图标设计

内容概要　　本章内容主要包括图标的基础知识、图标的设计规范、图标的风格类型。通过对本章的学习，读者可以对图标设计有一个基本的认识，并能够快速地掌握绘制图标的方法，以及UI界面中图标的设计规范等。

知识要点

- 了解图标的基本概念
- 掌握图标的设计规范
- 了解图标的设计风格

数字资源

【本章素材来源】："素材文件\第4章"目录下

【本章上手实操最终文件】："素材文件\第4章\上手实操"目录下

4.1 案例精讲：绘制潮流小图标

本案例将利用Photoshop软件绘制两种不同风格的潮流图标，从中可以学习到图标的设计规范、颜色的搭配等知识。

4.1.1 毛玻璃便签图标设计

本节将学习使用不同的图形工具绘制图标，练习制作毛玻璃风格的图标，涉及的知识点主要包括绘图工具的使用、图层的混合模式和图层样式的使用以及使用"剪贴蒙版"命令置入渐变效果。下面将对具体的操作步骤进行介绍。

步骤 01 打开Photoshop软件，执行"文件"→"新建"命令，打开"新建文档"对话框，设置参数（宽度600像素、高度600像素、分辨率72像素/英寸、背景内容为白色），单击"创建"按钮，新建文档，如图4-1、图4-2所示。

图 4-1

图 4-2

步骤 02 选择"圆角矩形工具"，在"属性"面板中设置颜色为白色，其他选项的设置如图4-3所示，在图像窗口中的适当位置绘制矩形，如图4-4所示。

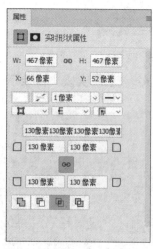

图 4-3

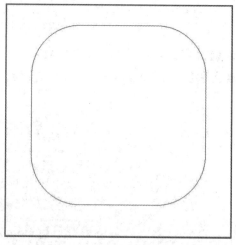

图 4-4

步骤 03 选中"圆角矩形1"图层,在"图层"面板中的空白处双击,打开"图层样式"对话框,在左侧选择"内阴影"选项,在右侧设置颜色为紫色(#7c52d3),其他参数设置如图4-5所示。单击"内阴影"后的⊞按钮,继续调整其参数(如图4-6所示)。

步骤 04 效果如图4-7所示。

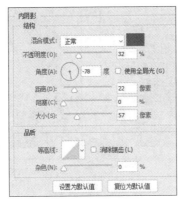

图 4-5　　　　　　　　　　图 4-6　　　　　　　　　　图 4-7

步骤 05 选择"圆角矩形工具",在"属性"面板中设置颜色为紫色(#7c52d3),其他选项的设置如图4-8所示,在图像窗口中的适当位置绘制矩形,如图4-9所示。

图 4-8　　　　　　　　　　图 4-9

步骤 06 在"属性"面板中单击"设置形状填充类型"选项,在弹出的面板中先单击"渐变"选项,再单击渐变条,打开"渐变编辑器"对话框,在0%位置处设置颜色为#554bd7,在100%位置处设置颜色为#c3a0f7,如图4-10所示。单击"确定"按钮,效果如图4-11所示。

图 4-10　　　　　　　　　　图 4-11

步骤 07 选中"圆角矩形2"图层，按Ctrl+J组合键，复制形状，并向左下方拖动，如图4-12所示。

步骤 08 在"属性"面板中单击"设置形状填充类型"选项，在弹出的面板中先单击"渐变"选项，再单击渐变条，打开"渐变编辑器"对话框，在0%位置处设置颜色为#d1b8f6，在100%位置处设置颜色为#eae3f8，单击"确定"按钮，效果如图4-13所示。

图 4-12   图 4-13

步骤 09 选中"圆角矩形2拷贝"图层，在"图层"面板中的空白处双击，打开"图层样式"对话框，在左侧选择"内阴影"，第1个内阴影颜色设置为白色，第2个内阴影颜色设置为紫色（#c381e9），其他参数的设置如图4-14、图4-15所示。

图 4-14   图 4-15

步骤 10 单击"确定"按钮，效果如图4-16所示。

步骤 11 选中"圆角矩形2"图层，按Ctrl+J组合键，复制图层，将复制的图层移动到"圆角矩形2拷贝"图层的上方，如图4-17所示。

图 4-16   图 4-17

步骤 12 选中"圆角矩形2拷贝2"图层，调整图层不透明度为40%，效果如图4-18所示。按 Ctrl+Alt+G组合键，为图层创建剪贴蒙版，如图4-19所示。

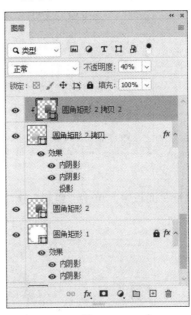

图 4-18

图 4-19

步骤 13 在"属性"面板中，单击"蒙版"选项，调整羽化参数，如图4-20、图4-21所示。

图 4-20

图 4-21

步骤 14 选择"圆角矩形2拷贝"图层（玻璃图层），按Ctrl+J组合键复制图层。在"圆角矩形2拷贝3"图层上右击，选择"清除图层样式"选项，将图层的混合模式改为"正片叠底"，如图4-22所示。

步骤 15 在属性栏中更改形状的填充颜色为#9a81eb，单击"确定"按钮，如图4-23所示。

图 4-22

图 4-23

步骤 16 在"属性"面板中，单击"蒙版"选项，调整羽化值，参数设置如图4-24所示，效果如图4-25所示。

图 4-24

图 4-25

步骤 17 按Ctrl+Alt+G组合键，为"圆角矩形2拷贝3"图层创建剪贴蒙版，如图4-26、图4-27所示。

图 4-26

图 4-27

步骤 18 继续调整羽化值，为图层添加合适的阴影，效果如图4-28所示。

步骤 19 选择"椭圆工具"，在"属性"面板中设置颜色为白色，在图像窗口中的适当位置绘制椭圆，如图4-29所示。

图 4-28

图 4-29

步骤 20 选中"椭圆1"图层，在"图层"面板中的空白处双击，打开"图层样式"对话框，在左侧选择"投影"，在右侧设置颜色为紫色（#b9a2dc），其他参数的设置如图4-30所示，单击"确定"按钮，效果如图4-31所示。

图 4-30

图 4-31

步骤 21 选择"圆角矩形工具"，在"属性"面板中设置颜色为白色，其他参数的设置如图4-32所示，在图像窗口中的适当位置绘制矩形，如图4-33所示。

图 4-32

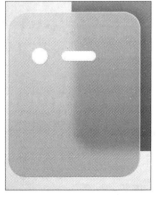

图 4-33

步骤22 选中"椭圆1"图层并右击，在弹出的菜单中选择"拷贝图层样式"选项，如图4-34所示，在"圆角矩形3拷贝3"图层上右击，在弹出的菜单中选择"粘贴图层样式"选项，如图4-35所示。

图 4-34　　　　　　　　　　　　图 4-35

步骤23 效果如图4-36所示。

步骤24 按住Shift键，选中"椭圆1"和"圆角矩形3拷贝3"图层，按住Alt+Ctrl组合键向下拖动，如图4-37所示。

步骤25 使用同样的方法，复制形状，如图4-38所示。

图 4-36　　　　　　　　图 4-37　　　　　　　　图 4-38

步骤26 选择"圆角矩形工具"，在"属性"面板中设置颜色为橘色（#ff9c00），其他选项的设置如图4-39所示，效果如图4-40所示。

图 4-39　　　　　　　　　　图 4-40

步骤 27 选择"多边形工具",在属性栏中设置边为3、颜色为白色,单击设置其他形状与路径选项按钮,参数设置如图4-41所示。在图像窗口中的适当位置绘制形状并调整大小,如图4-42所示。

图 4-41   图 4-42

步骤 28 选择"圆角矩形工具",在"属性"面板中设置颜色为橘色(#ff9c00),其他选项的设置如图4-43所示,在图像窗口中的适当位置绘制矩形,如图4-44所示。

图 4-43   图 4-44

步骤 29 选择"矩形工具",在属性栏中设置颜色为白色、描边为无,在图像窗口中的适当位置绘制矩形,如图4-45所示。

步骤 30 按住Shift键,依次选中铅笔的所有图层,再按Ctrl+T组合键自由变换,顺时针旋转36°,并调整到合适的位置,如图4-46所示。

图 4-45   图 4-46

4.1.2 拟物化相机图标设计

扫码观看视频

本节将学习制作拟物化图标，涉及的知识点主要包括绘图工具的使用、图层的混合模式以及利用图层样式制作效果、使用路径选择工具和直接选择工具调整图形形状等。下面将对具体的操作步骤进行介绍。

步骤 01 打开Photoshop软件，执行"文件"→"新建"命令，打开"新建文档"对话框，设置参数（宽度600像素、高度600像素、分辨率72像素/英寸、背景内容为白色），单击"创建"按钮，新建文档，如图4-47、图4-48所示。

图 4-47

图 4-48

步骤 02 选择"圆角矩形工具"，在"属性"面板中设置填充为浅蓝色（#d6f7f9）、描边为无、半径为190像素，其他参数的设置如图4-49所示，效果如图4-50所示。

图 4-49

图 4-50

步骤 03 选中图层"圆角矩形1",在"图层"面板中的空白处双击,打开"图层样式"对话框,在左侧选择"斜面和浮雕"选项,在右侧将高光模式颜色设置为#e5f8f9,阴影模式颜色设置为#7f9c9e,其他选项的设置如图4-51所示,单击"确定"按钮。

步骤 04 选择"椭圆选框工具",按住Shift键,在图像窗口的中间位置绘制椭圆选区,如图4-52所示。

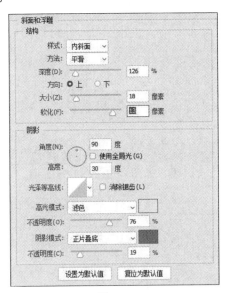

图 4-51

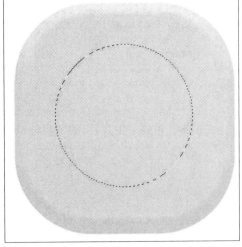

图 4-52

步骤 05 新建图层,选择"渐变工具",单击渐变条,打开"渐变编辑器",在0%位置处设置颜色为#dbfafc,100%位置处设置颜色为#b0e6e9,如图4-53所示。单击"确定"按钮,拖动鼠标从下往上拉动渐变条,效果如图4-54所示。

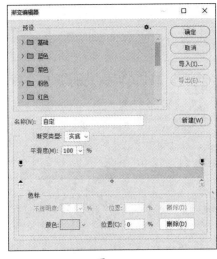

图 4-53

图 4-54

步骤 06 选中"图层1",在"图层"面板中的空白处双击,打开"图层样式"对话框,在左侧选择"斜面和浮雕"选项,在右侧设置高光模式颜色为#e5f8f9、阴影模式颜色为#7f9c9e,其他选项的设置如图4-55所示,单击"确定"按钮,效果如图4-56所示。

图 4-55

图 4-56

步骤07 按住Ctrl键，单击"图层1"的图层缩览图，载入选区，如图4-57、图4-58所示。

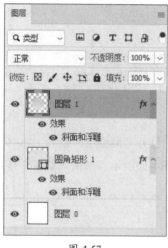

图 4-57

图 4-58

步骤08 执行"选择"→"变换选区"命令，如图4-59所示。按住Alt键，等比例缩小椭圆，按Enter键确认操作，如图4-60所示。

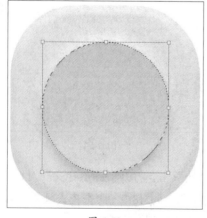

图 4-59

图 4-60

步骤09 新建图层，选择"渐变工具"，单击渐变条，弹出"渐变编辑器"，在0%和100%位置处设置颜色为#ebf6df，在50%位置处设置颜色为#b7f2f1，单击"确定"按钮，在选区中从左上角向右下角拖动鼠标，如图4-61、图4-62所示，按Ctrl+D组合键取消选区。

图 4-61

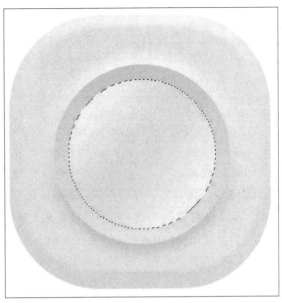

图 4-62

步骤10 选中"图层2"，在"图层"面板中的空白处双击，打开"图层样式"对话框，在左侧选择"内阴影"选项，在右侧设置颜色为#798889，其他选项的设置如图4-63所示，单击"确定"按钮，效果如图4-64所示。

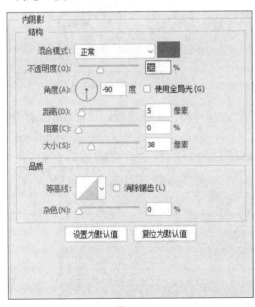

图 4-63

图 4-64

步骤11 选择"椭圆工具"，按住Shift键，在图像窗口中绘制椭圆，并放置到合适位置，如图4-65所示。

步骤12 新建图层，设置前景色颜色为#ddfafc，按Alt+Delete组合键填充前景色，如图4-66所示。

图 4-65

图 4-66

步骤 13 选中"图层3",在"图层"面板中的空白处双击,打开"图层样式"对话框,在左侧选择"斜面和浮雕"选项,在右侧设置高光模式颜色为#e5f8f9、阴影模式颜色为#7f9c9e,其他选项的设置如图4-67所示,效果如图4-68所示。

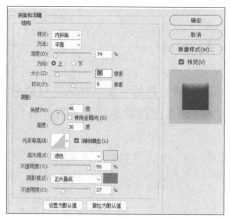

图 4-67

图 4-68

步骤 14 在左侧选择"投影"选项,在右侧将颜色设置为#b6e2e5,其他选项的设置如图4-69所示,效果如图4-70所示。

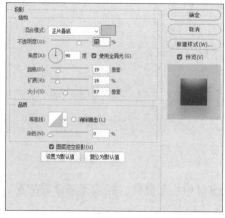

图 4-69

图 4-70

步骤15 单击"图层3",按Ctrl+J组合键复制,出现"图层3拷贝",如图4-71所示。按Ctrl+T组合键,选中"图层3拷贝"并按Alt键缩小,按Enter键确认操作,如图4-72所示。

图 4-71

图 4-72

步骤16 选中"图层3拷贝",在"图层"面板中的空白处双击,打开"图层样式"对话框,在左侧选择"投影"选项,参数设置如图4-73所示。单击"确定"按钮,效果如图4-74所示。

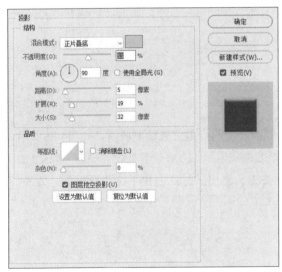

图 4-73

图 4-74

步骤17 设置前景色颜色为白色,在图像窗口中的适当位置绘制椭圆,如图4-75所示。

步骤18 选中椭圆,在"属性"面板中单击"蒙版",设置羽化值为3像素,如图4-76所示。

你学会了吗?

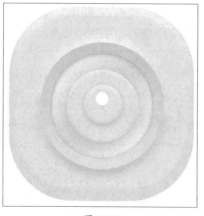

图 4-75

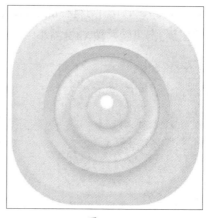

图 4-76

步骤 19 在椭圆上按住Alt键向下拖动复制椭圆，如图4-77所示。按Ctrl+T组合键，缩小椭圆并调整到合适的位置，如图4-78所示。

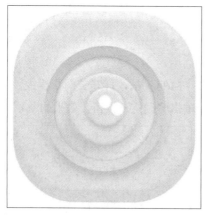

图 4-77

图 4-78

步骤 20 新建图层，选择"椭圆选框工具"，在图像窗口中的合适位置绘制椭圆，如图4-79所示。

步骤 21 选择"渐变工具"，单击渐变条，打开"渐变编辑器"，在0%位置处设置颜色为#aacdcf，100%位置处设置颜色为#d6f7f9，单击"确定"按钮。使用鼠标从上往下拉动渐变条，效果如图4-80所示。

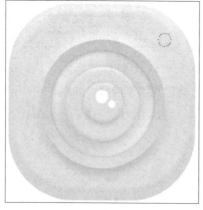

图 4-79

图 4-80

步骤 22 选中"图层4",在"图层"面板中的空白处双击,打开"图层样式"对话框,在左侧选择"斜面和浮雕"选项,在右侧设置高光模式颜色为白色,阴影模式颜色为#7f9c9e,其他选项的设置如图4-81所示,单击"确定"按钮,效果如图4-82所示。

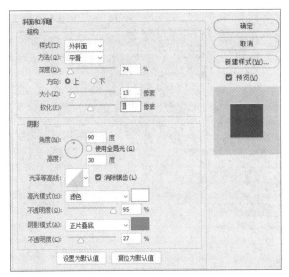

图 4-81

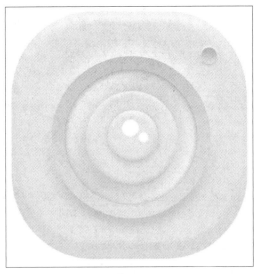

图 4-82

步骤 23 继续绘制椭圆,添加渐变颜色,设置0%位置处的颜色为#d48042、100%位置处的颜色为#f9e9be,如图4-83、图4-84所示。

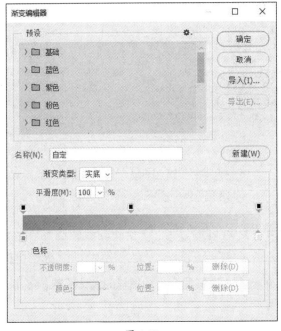

图 4-83

图 4-84

步骤 24 选择"椭圆工具",在"属性"面板中设置颜色为白色、描边为无,在图像窗口中的合适位置绘制椭圆,如图4-85所示。

步骤 25 选择"直接选择工具",修改椭圆形状并放置到合适位置,如图4-86所示。

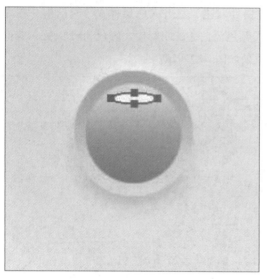

图 4-85

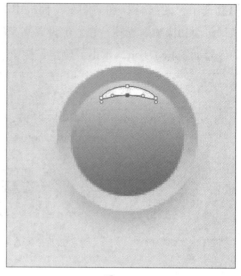

图 4-86

步骤 26 最终效果如图4-87所示。

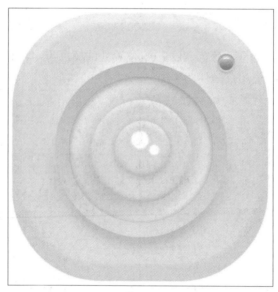

图 4-87

4.2 图标的基础知识

本节将介绍图标的基础知识,主要包括图标的概念、图标的分类和图标的设计原则。

4.2.1 图标的概念

图标又称为icon,是指具有特殊含义的图形。

图标是具有明确的指代意义的计算机符号,从广义上讲,图标具有内涵高度浓缩、可快速传达信息的特性。图标的应用范围较广,包括软件界面、硬件设施以及公共场合等。从狭义上讲,图标大多应用在计算机软件中,具有功能性意义,如图4-88所示。

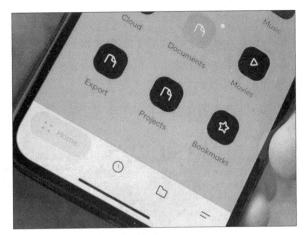

图 4-88

4.2.2 图标的分类

图标根据功能可以分为四大类，分别为解释性图标、交互性图标、装饰和娱乐性图标及应用图标。

1. 解释性图标

解释性图标，具有说明信息的功能。在某种情况下，这些图标并不是用于交互使用的元素，更多时候是起辅助解释文案的作用。它通常会与文字排列在一起，以提高信息的可识别性。当图标元素传达的信息不够明确时，需要将图标与文案搭配起来使用，从而减少误读的可能性，如图4-89所示。

图 4-89

2. 交互性图标

交互性图标在UI界面中不仅仅是装饰与展示的作用，更重要的是用户与产品进行交互的按钮。当用户点击此类图标后，产品会执行相应的操作，从而触发相应的功能，如图4-90所示。

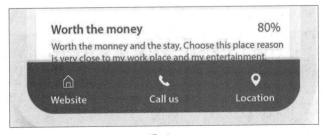

图 4-90

3. 装饰和娱乐性图标

装饰和娱乐性图标主要用于提升整个界面的美观程度和视觉感受，不具备明显的功能性。这类图标具有特定的风格，可以迎合市场需求，可以增强内容的观赏性，使用户体验感更加积极，如图4-91、图4-92、图4-93所示。

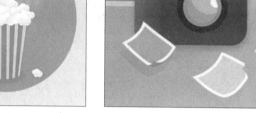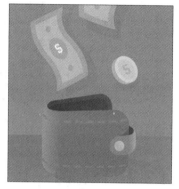

图 4-91　　　　　　　　　　图 4-92　　　　　　　　　　图 4-93

4. 应用图标

应用图标是指能在各个平台展示应用的标识，如图4-94所示，是产品的身份象征——Logo。

通常产品的Logo设计会融入产品的品牌特色和产品文化，当然有时也会采用具有象征性意义的动物与视觉元素组合设计，设计出一款具备品牌特性、令人醒目的标识。

图 4-94

4.2.3　图标的设计原则

图标是界面设计中的重要元素之一，它不仅能提升整个界面的美观程度，还可以帮助用户快速识别操作，更好地完成工作，提升用户对产品的信任。图标的设计原则主要包括易识别性、视觉统一和简洁美观。

1. 易识别性

图标的作用是快速传达信息，首先要能够被用户快速识别，其次要保证传达的信息准确，让用户能一目了然，如图4-95所示。

图 4-95

2. 视觉统一

图标的设计需要在造型、风格、节奏上保持统一。

在造型上，需要根据规范对图标的各部分进行统一的设计。图标的风格非常多样化，设计时可以根据相应的场景和产品的特性设计适合的风格。需要注意的是，图标用色尽量不要超过3种，最好是使用1种或者两种颜色，颜色过多，会导致用户产生视觉混乱，降低使用效率，如图4-96所示。

在节奏平衡上，由于图标造型的丰富，可以根据规范进行设计以达到节奏协调、视觉统一的效果，如图4-97所示。

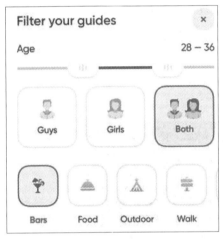

图 4-96　　　　　　　　　　　　　图 4-97

3. 简洁美观

图标不需要过多的装饰，它不是"主角"，应尽量将最简洁的图像呈现给用户，如图4-98所示。

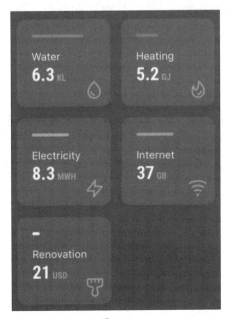

图 4-98

4.3 图标的设计规范

图标的设计规范主要是根据APP中的iOS和Android两个平台的设计规范而来的。接下来将从图标的尺寸以及图标的格式两个方面来详细讲解图标的设计规范。

4.3.1 图标的尺寸

1. iOS系统中图标的尺寸

在iOS系统中，图标主要分为应用图标和系统图标两种，单位是px和pt。px即"像素"，是按照像素格计算的单位，也就是移动设备的实际像素。pt即"点"，是根据内容尺寸计算的单位。在Photoshop软件中通常使用的单位是px，在Sketch软件中一般使用的单位是pt。

（1）iOS应用图标

每个应用程序都必须提供小图标，以便在主屏幕上显示，并在安装应用程序后在整个系统中显示，如图4-99所示。在应用商店中会用到大图标显示。

图 4-99

搜索栏图标的尺寸如表4-1所示。

表4-1　搜索栏图标尺寸一览表

设备	搜索栏图标尺寸
iPhone	40 pt × 40 pt （120 px × 120 px）
	40 pt × 40 pt （80 px × 80 px）
iPad Pro，iPad	40 pt × 40 pt （80 px × 80 px）

你学会了吗？

设置页面图标（如图4-100所示）的尺寸如表4-2所示。

图 4-100

表 4-2　设置页面图标的尺寸一览表

设备	设置页面图标尺寸
iPhone	29 pt × 29 pt（87 px × 87 px）
	29 pt × 29 pt（58 px × 58 px）
iPad Pro，iPad	29 pt × 29 pt（58 px × 58 px）

通知页面图标（如图4-101所示）的尺寸如表4-3所示。

图 4-101

表 4-3　通知页面图标的尺寸一览表

设备	通知页面图标尺寸
iPhone	20 pt × 20 pt（60 px × 60 px）
	20 pt × 20 pt（40 px × 40 px）
iPad Pro，iPad	20 pt × 20 pt（40 px × 40 px）

（2）iOS系统图标

系统图标即界面中的功能图标，主要应用于导航栏、工具栏及标签栏，如图4-102所示。当未找到符合需求的系统图标时，UI设计师可以设计自定义图标。

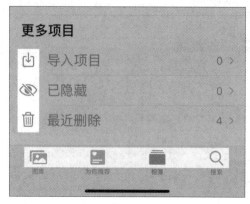

图 4-102

2. Android系统中图标的尺寸

在Android系统中，图标主要分为应用图标和系统图标两种，单位是dp。dp是安装设备上的基本单位，等同于苹果设备上的pt。

（1）Android应用图标

应用图标即产品图标，是品牌和产品的视觉表达，主要出现在主屏幕上，如图4-103所示。

图 4-103

创建应用图标时，应以320 dpi（dpi表示的是安卓设备每英寸所拥有的像素数量）分辨率中的48 dp尺寸为基准。应用图标的尺寸可根据不同设备的分辨率进行适配，如表4-4所示。

表4-4　Android 应用图标一览表

图标单位	Mdpi(160 dpi)	Hdpi(240 dpi)	Xhdpi(320 dpi)	Xxhdpi(480 dpi)	Xxxhdpi(640 dpi)
dp	24 dp × 24 dp	36 dp × 36 dp	48 dp × 48 dp	72 dp × 72 dp	96 dp × 96 dp
px	48 px × 48 px	72 px × 72 px	96 px × 96 px	144 px × 144 px	192 px × 192 px

（2）Android系统图标

系统图标即界面中的功能图标，通过简洁、直观的图形代表一些常见功能，如图4-104所示。

图 4-104

创建系统图标时，以320 dpi分辨率中的24 dp尺寸为基准。系统图标的尺寸可根据不同设备的分辨率进行适配，如表4-5所示。

表 4-5　Android 系统图标尺寸一览表

图标单位	mdpi(160 dpi)	hdpi(240 dpi)	xhdpi(320 dpi)	xxhdpi(480 dpi)	xxxhdpi(640 dpi)
dp	12 dp × 12 dp	18 dp × 18 dp	24 dp × 24 dp	36 dp × 36 dp	48 dp × 48 dp
px	24 px × 24 px	36 px × 36 px	48 px × 48 px	72 px × 72 px	196 px × 196 px

4.3.2　图标的格式

为保持视觉平衡，Material Design语言提供了4种不同的图标形状供UI设计师参考，如图4-105所示。

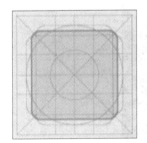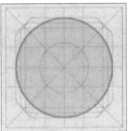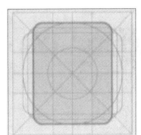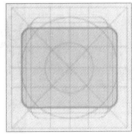

图 4-105

4.4　图标的风格类型

图标的风格类型主要包括拟物化、扁平化、MBE、线条、毛玻璃等。

4.4.1　拟物化

拟物化图标的特点是通过细节和光影还原显示物品的造型和质感，具有强烈的识别性。用户可以通过对现实事物的联想，快速领会这类图标所呈现出的含义，如图4-106所示。

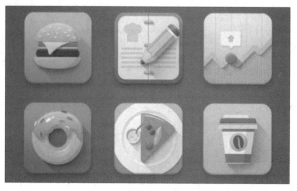

图 4-106

4.4.2 扁平化

扁平化风格的图标简洁美观、功能突出，可以细分为线性图标、面性图标和线面结合图标。

1. 线性图标

目前市面上的线性图标以2 px、3 px为主流。线条过细容易导致整个底部操作栏的图标在视觉表现上偏弱；线条过宽，可展示的细节就少，因此最适合的还是使用2 px和3 px，如图4-107、图4-108所示。

图 4-107

图 4-108

2. 面性图标

面性图标即填充图标，经常用于APP界面底部的标签栏、图标的选中状态、界面中的金刚区（专指APP页面Banner下方的功能入口导航区域）和界面中的重要分类，如图4-109、图4-110所示。

<table>
<tr><td>图 4-109</td><td>图 4-110</td></tr>
</table>

3. 线面结合图标

线面结合图标是线性图标和面性图标的结合。线面结合图标经常用于趣味性APP界面中底部的标签栏、界面中的分类或引导页与弹框中，如图4-111、图4-112所示。

<table>
<tr><td>图 4-111</td><td>图 4-112</td></tr>
</table>

线面结合图标根据填充面积可分为部分填充、错位填充和全部填充三种。

（1）部分填充

部分填充图标的填充面积约占整个图标的30%~50%，一般用于APP界面的底部标签栏，如图4-113所示。

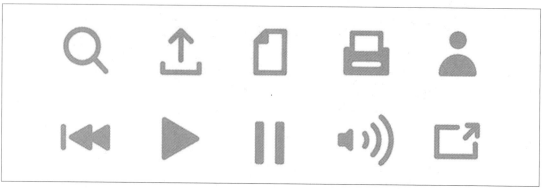

图 4-113

（2）错位填充

错位填充图标将面与线进行错位，一般用于APP界面中的底部标签栏。典型的图标设计作品如图4-114所示。

图 4-114

（3）全部填充

全部填充图标，表现出充实与饱满，一般用于APP界面中的分类或是引导页与弹框中。典型的图标设计作品如图4-115所示。

图 4-115

4.4.3 MBE

　　MBE风格的原创者是一位法国设计师MBE，其曾在dribbble网站上发布了一组优秀的图标设计作品。

　　这是一种Q版的点线面相结合的设计，其相对于线面结合的图标，外框采用断点式的描边，既不会封锁整个图标，又凸显出整个图标生动有趣的风格特点；MBE风格的图标设计同时也采用了错位填充的图标设计，让中间填充的部分稍微与线框偏移，既打破了原有的填充效果，又能够营造出动态的特征；MBE风格的图标设计在颜色搭配上显得非常活泼，常采用"邻近色+补色"或是"邻近色+相似色"，这两种搭配色具有非常强烈的对比效果，在颜色饱和度很高的情况下，可以达到非常震撼的视觉效果。典型的图标设计作品如图4-116所示。

（来自巴黎的设计师 https://dribbble.com/Madebyelvis）

图 4-116

4.4.4 线条

　　线条类图标如图4-117所示，形象简洁、设计轻盈，多具有装饰和辅助作用，在网页设计中运用得较多。

图 4-117

4.4.5 毛玻璃

毛玻璃风格的图标是自2020年之后逐渐流行的。从美学价值上来说，这款图标设计风格足够现代，颇为时尚。

毛玻璃的特征为透明、悬浮、鲜明和微妙，带有模糊磨砂质感背景的透明效果，轻薄微妙的边框又强化了它的物理质感，如图4-118所示。

图 4-118

经验之谈 图标设计的几大要素

1. 图形

点、线、面、体这些元素可帮助人们有效地刻画错综复杂的世界。包围着体的是面，面有平面和曲面两种，面与面相交的地方形成线，线与线相交的地方叫作点，由这些元素组成的物体都称为图形。像圆形、矩形、三角形、十字形、心形、点形、线形、旋转形和方向形等都属于图形。

2. 数字

数字，是一种既陌生、又熟悉的名词。它由0~9十个字符组成。在古代印度，进行城市建设时需要设计和规划，进行祭祀时需要计算日月星辰的运行，于是，数学计算就产生了。同时数字也是一种用来表示数的书写符号，这些书写符号在标志中得以应用。

3. 字母

原始人发展出的图示和表意符号是如今现代字母的原型，比如楔形文字和象形文字。最早的字母，是东闪米特人（现代分类称之为闪米特北支）使用的一种早期的象形文字的组合，由于在罗马帝国的统治时期拉丁语的广泛使用，罗马字母成为了最广泛应用的字母之一。相对于记忆及口耳相传，字母使人们能够将历史和思想书写下来，字母的发展因此在文明的发展中有着重要的意义。

4. 自然

自然既用作名词，指具有无穷多样性的一切存在物，也用作形容词，指天然的、非人为的或不做作、不拘束、不呆板、非勉强的。自然广义而言，指的是自然界、物理学宇宙、物质世界以及物质宇宙，也指自然界的现象及普遍意义上的生命。

5. 色彩

色彩是平面作品中的灵魂，是设计师进行设计时最活跃的元素。它不仅为设计增添了变化和情趣，还增加了设计的空间感。如同字体能向我们传达出信息一样，色彩给我们的信息更多。记住色彩具有的象征意义对图标的制作是非常重要的，例如红色，往往让人联想起火焰，因而使人觉得温暖并充满力量。设计师选择的颜色会影响到作品和人们对其的回应程度。

上手实操 旋转形图标的设计制作

本案例将练习制作旋转形图标，涉及的知识点包括图形的绘制、填充工具的使用以及文字的添加等。完成效果如图4-119所示。

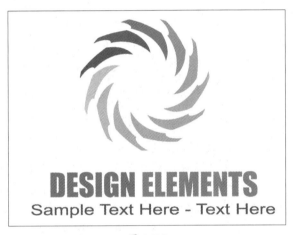

图 4-119

设计要领

- 使用各种形状工具和颜色填充工具，绘制各图形
- 使用"移动工具"，调整各图形的位置
- 使用"横排文字工具"，添加文字

第5章 软件界面设计

内容概要

　　本章针对软件界面的基础知识、设计规范、常用类型及绘制方法进行系统讲解与演练。通过对本章的学习，读者可以对软件界面设计有一个基本的认识，并了解和掌握绘制软件常用界面的规范和方法。

知识要点

- 了解软件界面设计的基础知识
- 掌握软件界面设计的规范
- 认识软件界面的常用类型

数字资源

【本章素材来源】："素材文件\第5章"目录下
【本章上手实操最终文件】："素材文件\第5章\上手实操"目录下

5.1 案例精讲：橙子书坊软件界面设计

本案例将练习橙子书坊软件界面，主要包括侧导航栏、导航栏和内容区的制作。

5.1.1 制作侧导航栏

扫码观看视频

侧导航栏多为左侧导航栏，导航内容主要包括导航项目、应用设置栏目和设置栏目等，涉及的知识点主要包括绘图工具和文字工具的使用等。下面将对具体的操作步骤进行介绍。

步骤01 打开Photoshop软件，执行"文件"→"新建"命令，打开"新建文档"对话框，设置参数（宽度900像素、高度580像素、分辨率72像素/英寸、背景内容为白色），单击"创建"按钮，新建文档，如图5-1、图5-2所示。

图 5-1

图 5-2

步骤02 执行"视图"→"新建参考线"命令，弹出"新建参考线"对话框，在140像素的位置新建一条垂直参考线，在35像素和70像素的位置分别新建一条水平参考线，设置如图5-3、图5-4、图5-5所示。

图 5-3

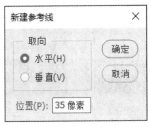

图 5-4

图 5-5

步骤03 单击"确定"按钮，完成参考线的创建，效果如图5-6所示。

步骤 04 执行"文件"→"置入嵌入对象"命令，弹出"置入嵌入的对象"对话框，选择素材文件"橙子书坊logo.png"，单击"置入"按钮，将图片置入到图像窗口中，将其拖到适当的位置并调整大小，按Enter键确认操作，效果如图5-7所示。

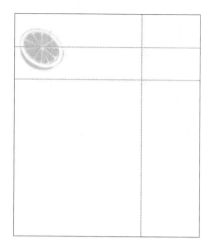

图 5-6   图 5-7

步骤 05 选择"横排文字工具"，在"字符"面板中设置颜色为#693c46，其他选项的设置如图5-8所示，在图像窗口中的适当位置输入文字，如图5-9所示。

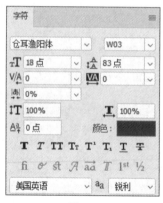

图 5-8   图 5-9

步骤 06 继续输入文字，如图5-10、图5-11所示。

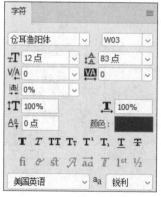

图 5-10   图 5-11

步骤07 选择"矩形工具",在属性栏中设置填充颜色为#b2767f,在图像窗口中的适当位置绘制矩形,如图5-12所示。

图 5-12

步骤08 使用同样的方法,继续绘制矩形,颜色设置为#c68593,如图5-13所示。

步骤09 单击"矩形2"形状,按住Alt+Shift组合键,向下垂直拖动,在属性栏中更改颜色为#693c46,效果如图5-14所示。

图 5-13

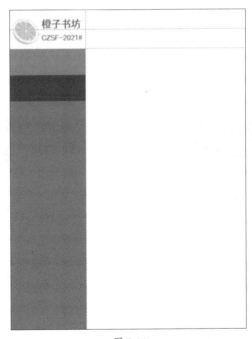

图 5-14

步骤10 选择"矩形工具",在属性栏中设置颜色为#94515f,在图像窗口中的适当位置绘制矩形,并将图层不透明度改为70%,如图5-15所示。

步骤11 单击"矩形3"形状,按住Alt+Shift组合键,向下垂直拖动,并将其不透明度调整为30%,如图5-16所示。

图 5-15

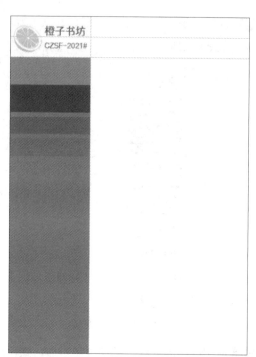

图 5-16

步骤12 单击"矩形3拷贝"形状，按住Alt+Shift组合键，向下垂直拖动，如图5-17所示。

步骤13 使用同样的方法，单击"矩形2"形状，向下垂直拖到合适位置，重复操作两次，如图5-18所示。

图 5-17

图 5-18

步骤14 选择"矩形工具"，在属性栏中设置颜色为#e6a1b0，在图像窗口中的适当位置绘制矩形，并将图层不透明度改为45%，如图5-19所示。

步骤15 打开素材文件"图标.png",分别将图片置入到图像窗口中。将其拖到适当的位置并调整大小,按Enter键确认操作,效果如图5-20所示。

图 5-19

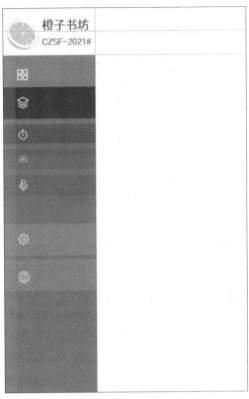

图 5-20

步骤16 选择"横排文字工具",在"字符"面板中设置颜色为白色,其他选项的设置如图5-21所示,在图像窗口中适当的位置输入文字,如图5-22所示。

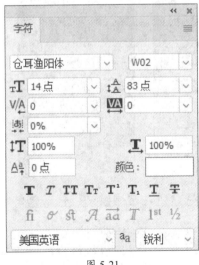

图 5-21

图 5-22

步骤17 继续输入文字,颜色更改为黄色(#f8cf01),效果如图5-23所示。

步骤18 继续输入文字,颜色更改为白色,字号更改为10号,效果如图5-24所示。

图 5-23   图 5-24

步骤⑲ 继续输入文字，字号更改为9号和14号，效果如图5-25所示。

步骤⑳ 置入素材文件"A图标.png"，放置在合适的位置并调整大小，如图5-26所示。

步骤㉑ 单击"A图标"形状，按住Alt+Shift组合键，向下垂直拖动，如图5-27所示。

图 5-25   图 5-26   图 5-27

步骤㉒ 复制"A图标"形状，按Ctrl+T组合键选中形状，顺时针旋转180°，将其放置在如图5-28所示的位置。

步骤㉓ 单击"A图标拷贝3"形状，按住Alt+Shift组合键，向下垂直拖动，并按Ctrl+T组合键自由变换调整其大小，放置到合适位置，如图5-29所示。

图 5-28   图 5-29

步骤 24 至此，侧导航栏制作完成，如图5-30所示。最后将侧导航栏所有内容创建组。

图 5-30

5.1.2 制作导航栏

顶部导航栏是始终可见的，能方便用户快速查找并访问程序，涉及的知识点主要包括绘图工具和文字工具的使用等。下面将对具体的操作步骤进行介绍。

步骤 01 选择"矩形工具"，在属性栏中设置颜色为#853f58，在图像窗口中的适当位置绘制矩形，如图5-31所示。

图 5-31

步骤 02 选择"圆角矩形工具",在"属性"面板中设置填充为无、描边为白色,其他选项的设置如图5-32所示,在图像窗口中的适当位置绘制矩形,如图5-33所示。

图 5-32

图 5-33

步骤 03 选择"直线工具",在属性栏中将粗细设为1像素。按住Shift键的同时,在图像窗口中的适当位置绘制直线。在属性栏中将填充设置为无、描边设置为白色,效果如图5-34所示。

步骤 04 置入素材文件"上一页.png",放置在合适的位置并调整大小,如图5-35所示。使用同样的方法,置入素材文件"下一页.png",如图5-36所示。

图 5-34

图 5-35

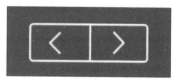

图 5-36

步骤 05 选择"圆角矩形工具",在"属性"面板中设置填充为#c68593、描边为无,其他选项的设置如图5-37所示,在图像窗口中的适当位置绘制矩形,如图5-38所示。

图 5-37

图 5-38

步骤 **06** 选择 "自定形状工具"，在属性栏中选择 "形状" 选项，在形状下拉列表框中选择形状为 "搜索"，如图5-39所示，按住Shift键，拖到图像窗口中，如图5-40所示。

图 5-39

图 5-40

步骤 **07** 在属性栏中更改颜色为白色，按Ctrl+T组合键选中形状，调整大小，并放置在合适位置，如图5-41所示。

图 5-41

步骤 **08** 选择 "横排文字工具"，在 "字符" 面板中设置颜色为白色，其他选项的设置如图5-42所示，在图像窗口中的适当位置输入文字，如图5-42所示。

步骤 **09** 置入素材文件 "关闭最小化图标.png"，放置在图像窗口中的合适位置并调整大小，如图5-43所示。

图 5-42

图 5-43

步骤 **10** 至此，导航栏制作完成，如图5-44所示。最后将导航栏所有图层创建组。

图 5-44

5.1.3 制作内容区

内容部分是软件的核心区域，涉及的知识点主要包括绘图工具的使用、文字工具的使用、图层样式中的投影和渐变叠加的使用等。下面将对具体的操作步骤进行介绍。

扫码观看视频

步骤 01 置入素材文件 "01.jpg" 至图像窗口中，并调整其大小。移动图层位置至 "组2" 下方，如图5-45所示。

图 5-45

步骤 02 选择 "横排文字工具"，在 "字符" 面板中设置颜色为#483539，其他选项的设置如图5-46所示，在图像窗口中的适当位置输入文字，如图5-47所示。

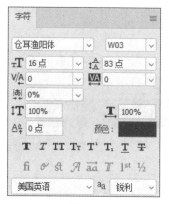

图 5-46

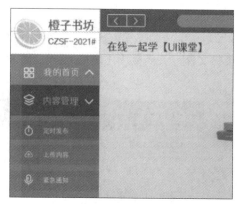

图 5-47

步骤 03 执行 "视图" → "新建参考线" 命令，弹出 "新建参考线" 对话框，在740像素的位置处新建一条垂直参考线，在240像素的位置处新建一条水平参考线，设置如图5-48、图5-49所示。

图 5-48

图 5-49

步骤04 单击"确定"按钮，效果如图5-50所示。

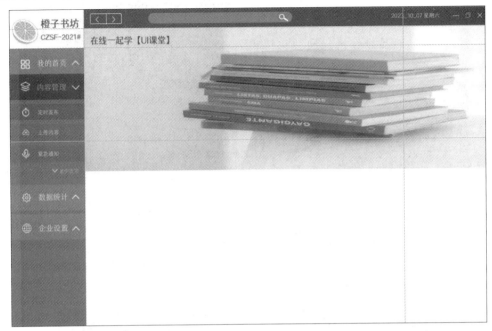

图 5-50

步骤05 选择"矩形工具"，在"属性"面板中设置填充为#e3e2de、描边为无，在图像窗口中的适当位置绘制矩形，如图5-51所示。

步骤06 选择"横排文字工具"，在"字符"面板中设置颜色为#dfd4d4，在图像窗口中的适当位置输入文字"48903人"，如图5-52所示。

图 5-51

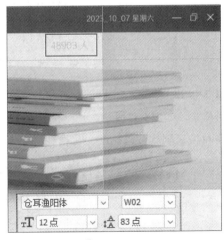

图 5-52

步骤07 在图层"48903人"上右击，在弹出的菜单中选择"混合选项"，打开"图层样式"对话框，在左侧选择"渐变叠加"选项，在右侧单击渐变条，打开"渐变编辑器"对话框，在0%位置处设置颜色为#fff600，在67%位置处设置颜色为#f8cf01，在100%位置处设置颜色为#fdeefd，单击"确定"按钮，其他选项的设置如图5-53所示，单击"确定"按钮，效果如图5-54所示。

图 5-53

图 5-54

步骤 08 选择"椭圆工具",在"属性"面板中设置填充为#6b3d37、描边为无,在图像窗口中的适当位置绘制椭圆,如图5-55所示。

步骤 09 单击椭圆,在属性栏中更改填充为黄色(#f8cf01),按Ctrl+J组合键复制椭圆,再按Ctrl+T组合键自由变换,按住Alt键缩小椭圆,如图5-56所示。

图 5-55

图 5-56

步骤 10 按住Shift键选中"椭圆"图层和"椭圆拷贝"图层,按住Alt+Shift组合键向右水平拖到合适的位置,如图5-57所示。

步骤 11 单击复制的黄色椭圆,在属性栏中更改颜色为#93d5bd,如图5-58所示。

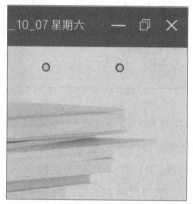

图 5-57

图 5-58

步骤 12 选择"横排文字工具",在"字符"面板中设置颜色为#6a6964,其他选项的设置如图5-59所示,在图像窗口中的适当位置输入文字,如图5-60所示。

图 5-59

图 5-60

步骤 13 选择"矩形工具",在"属性"面板中设置填充为#cabfb6、描边为无,在图像窗口中的适当位置绘制矩形,并将该图层的混合模式改为"正片叠底",如图5-61、图5-62所示。

图 5-61

图 5-62

步骤 14 选择"横排文字工具",在"字符"面板中设置颜色为#6b3d37,其他选项的设置如图5-63所示,在图像窗口中的适当位置输入文字,如图5-64所示。

图 5-63

图 5-64

步骤 15 置入素材文件"天气.png",如图5-65所示。

步骤 16 选择"矩形工具",在"属性"面板中设置填充为#cabfb6、描边为无,在图像窗口中的适当位置绘制矩形,并将该图层的混合模式改为"正片叠底",如图5-66、图5-67所示。

图 5-65

图 5-66

图 5-67

步骤 17 选择"横排文字工具",在"字符"面板中设置颜色为#5d5353,其他选项的设置如图5-68所示,在图像窗口中的适当位置输入文字,如图5-69所示。

步骤 18 使用同样的方法,输入文字,将字号更改为32点,颜色设置为#bab7ad,效果如图5-70所示。

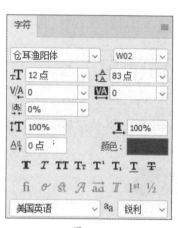

图 5-68

图 5-69

图 5-70

步骤 19 在图层"60.59%"上右击,在弹出的菜单中选择"混合选项"选项,打开"图层样式"对话框,在左侧选择"渐变叠加"选项,在右侧单击渐变条,打开"渐变编辑器"对话框,在0%位置处设置颜色为#f8cf01,在100%位置处设置颜色为#6b3d37,单击"确定"按钮,其他选项的设置如图5-71所示,单击"确定"按钮,如图5-72所示。

图 5-71

图 5-72

步骤 20 置入素材文件"柱状图.png",将该图层的混合模式改为"正片叠底",如图5-73、图5-74所示。

图 5-73

图 5-74

步骤 21 选择"矩形工具",在"属性"面板中设置填充为#e6a1b0、描边为无,在图像窗口中的适当位置绘制矩形,如图5-75所示。

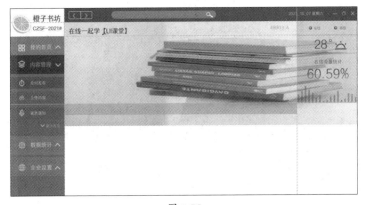

图 5-75

步骤 22 选择"多边形工具",在属性栏中设置边数为3、填充为白色,在图像窗口中的合适位置绘制形状,如图5-76所示。

步骤 23 选择"矩形工具",在属性栏中设置颜色为黄色(#f8cf01),在图像窗口中的合适位置绘制矩形,如图5-77所示。

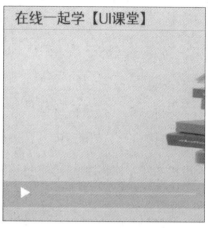

图 5-76　　　　　　　　　　　　　　图 5-77

步骤 24 使用同样的方法,在图像窗口中的合适位置绘制矩形,填充设置为#c5c0b9,并将该图层的混合模式改为"正片叠底",如图5-78所示。

图 5-78

步骤 25 继续绘制矩形,填充设置为#d8b3ad,效果如图5-79所示。

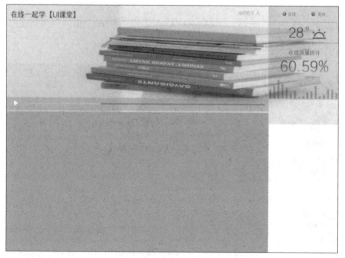

图 5-79

步骤 26 选择"横排文字工具",在"字符"面板中设置颜色为#3d201c,其他选项的设置如图5-80所示,在图像窗口中的适当位置输入文字,如图5-80所示。

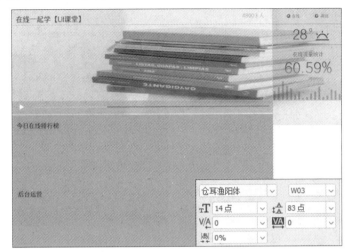

图 5-80

步骤 27 选择"椭圆工具",在属性栏中设置颜色为白色,在图像窗口中分别绘制3个椭圆,如图5-81所示,在"图层"面板中依次重命名为"椭圆A""椭圆B"和"椭圆C"。

图 5-81

步骤 28 置入素材文件"04.jpg",调整其大小并放置在合适的位置,将"04"图层向下移动到"椭圆A"图层的上方,如图5-82所示。

步骤 29 按Ctrl+Alt+G组合键,创建剪贴蒙版,如图5-83所示。选中图层"04"和"椭圆A",按Ctrl+E组合键合并图层。

图 5-82

图 5-83

步骤30 在"04"图层上右击，在弹出的菜单中选择"混合选项"选项，打开"图层样式"对话框，在左侧选择"投影"选项，在右侧将颜色设置为#947671，其他参数设置如图5-84所示，单击"确定"按钮，如图5-85所示。

图 5-84

图 5-85

步骤31 分别置入素材文件"03.jpg""02.jpg"，将"03"图层移动到"椭圆B"图层上方，按Ctrl+Alt+G组合键创建剪贴蒙版，合并图层，效果如图5-86所示。使用同样的方法，为"02"图层创建剪贴蒙版，合并图层，效果如图5-87所示。

图 5-86

图 5-87

步骤32 在"04"图层上右击，在弹出的快捷菜单中选择"拷贝图层样式"选项，如图5-88所示。在选择"02"图层的同时按住Shift键加选"03"图层，粘贴图层样式，效果如图5-89所示。

图 5-88

图 5-89

步骤 33 选择"矩形工具"，在属性栏中设置颜色为白色，在图像窗口中的合适位置绘制矩形，如图5-90所示。

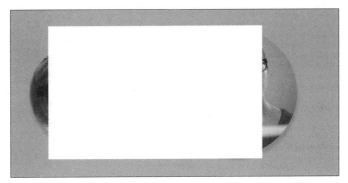

图 5-90

步骤 34 选择"椭圆工具"，在属性栏中选择"路径"，在"路径操作"下拉菜单中选择"减去顶层形状"选项，在图像窗口中的合适位置绘制椭圆，如图5-91、图5-92所示。

图 5-91

图 5-92

步骤 35 将矩形图层的填充设置为0%，双击该图层，在弹出的对话框中选择"内阴影"，设置内阴影参数如图5-93、图5-94、图5-95所示。

图 5-93

图 5-94

图 5-95

步骤**36** 单击"确定"按钮，如图5-96所示，将图层重命名为"玻璃"。

图 5-96

步骤**37** 按住Ctrl键，单击"玻璃"图层缩览图，载入选区，如图5-97所示。

步骤**38** 选中图层"03"，执行"滤镜"→"模糊"→"高斯模糊"命令，弹出"高斯模糊"对话框，参数设置如图5-98所示。

图 5-97

图 5-98

步骤**39** 使用相同的方法，单击"玻璃"图层缩览图，单击图层"02"，执行"滤镜"→"高斯模糊"命令，按Ctrl+D组合键取消选区，如图5-99所示。

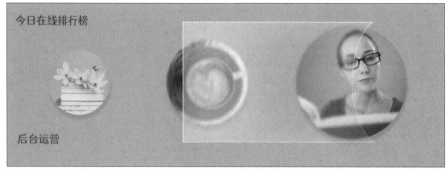

图 5-99

步骤**40** 选择"横排文字工具"，在"字符"面板中设置颜色为#a4a4a4，其他选项的设置如图5-100所示，在图像窗口中的适当位置输入文字，如图5-101所示。

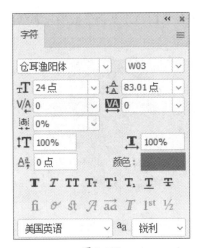

图 5-100

图 5-101

步骤 41 调整文字参数并继续输入文字，如图5-102、图5-103所示。

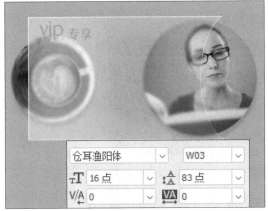

图 5-102

图 5-103

步骤 42 调整文字参数并继续输入文字，如图5-104、图5-105所示。

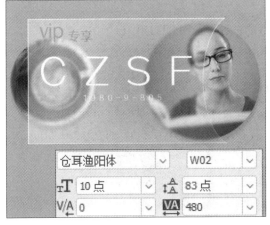

图 5-104

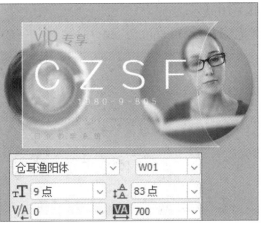

图 5-105

步骤 **43** 选择"圆角矩形工具",在"属性"面板中设置颜色为白色,其他参数的设置如图5-106所示,在图像窗口中的合适位置绘制矩形,如图5-107所示。

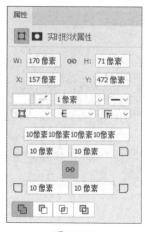

图 5-106　　　　　　　　　　图 5-107

步骤 **44** 使用同样的方法,继续绘制矩形,如图5-108所示。

图 5-108

步骤 **45** 继续绘制矩形,颜色改为黄色(#f6c278),并将图层命名为"黄色符号",如图5-109、图5-110所示。

步骤 **46** 按住Alt+Shift组合键,向右、向下拖到合适的位置,如图5-111所示。

图 5-109　　　　　　　图 5-110　　　　　　　图 5-111

步骤47 选择"横排文字工具",在"字符"面板中设置颜色为#d8b3ad,其他参数的设置如图5-112所示,在合适的位置输入文字,如图5-113所示。

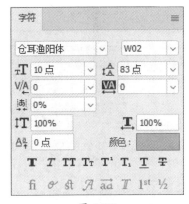

图 5-112

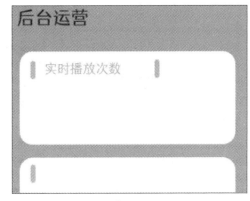

图 5-113

步骤48 使用同样的方式,输入文字,如图5-114所示。继续输入文字,颜色设置为#9c7476,如图5-115所示。

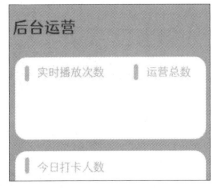

图 5-114

图 5-115

步骤49 置入素材文件"环形图.png",放置在合适的位置并调整大小,如图5-116所示。

步骤50 选择"横排文字工具",在"字符"面板中设置颜色为#d8b3ad,其他参数的设置如图5-112所示,在合适的位置输入文字,如图5-117所示。

图 5-116

图 5-117

步骤 51 置入素材文件"梯形图.png",放置在合适的位置并调整大小,如图5-118所示。

步骤 52 选择"横排文字工具",在"字符"面板中设置颜色为#b29697,其他参数的设置如图5-112所示,在合适的位置输入文字,如图5-119所示。

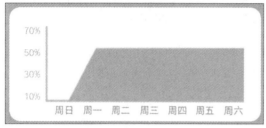

图 5-118

图 5-119

步骤 53 单击"黄色符号"图像,按住Alt+Shift组合键向右拖到合适的位置,如图5-120所示。

步骤 54 选择"横排文字工具",在"字符"面板中设置颜色为#b29697,其他参数的设置如图5-121所示,在合适的位置输入文字,如图5-121所示。

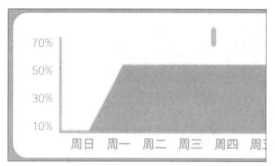

图 5-120

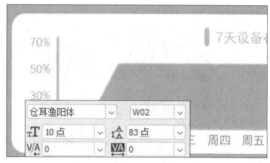

图 5-121

步骤 55 选择"矩形工具",在属性栏中设置颜色为白色,在图像窗口中的合适位置绘制矩形,如图5-122所示。

步骤 56 选择"横排文字工具",在"字符"面板中设置颜色为#2b1419,其他参数的设置如图5-123所示,在合适的位置输入文字,如图5-123所示。

学习体会

图 5-122

图 5-123

步骤 57 选择"圆角矩形工具",在"属性"面板中设置颜色为#f4f4f4,其他选项的设置如图5-124所示,在图像窗口中的合适位置绘制矩形,如图5-125所示。

图 5-124

图 5-125

步骤 58 选择"横排文字工具",在"字符"面板中设置颜色为#b5b1b2,其他参数的设置如图5-126所示,在合适的位置输入文字,如图5-127所示。

步骤 59 选择"圆角矩形工具",在"属性"面板中设置颜色为#fef7f7、半径为5像素,在图像窗口中的合适位置绘制矩形,如图5-128所示。将图层命名为"底部"。

图 5-126

图 5-127

图 5-128

步骤60 选择"椭圆工具",在属性栏中设置颜色为#f2ced6,在图像窗口中的合适位置绘制椭圆,将图层命名为"椭圆D",如图5-129所示。

步骤61 选择"椭圆工具",在属性栏中选择"路径"选项,在"路径操作"下拉菜单中选择"减去顶层形状"选项,在"椭圆D"上方绘制如图5-130所示的椭圆,单击"确定"按钮。

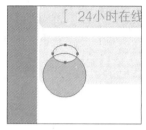

图 5-129 图 5-130

步骤62 单击"椭圆D"图像,选择"矩形工具",在属性栏中选择"路径"选项,在"路径操作"下拉菜单中选择"减去顶层形状"选项,在"椭圆D"下方绘制如图5-131所示的矩形,单击"确定"按钮。

步骤63 选择"椭圆工具",在属性栏中设置颜色为#f2ced6,在图像窗口中的合适位置绘制椭圆,并调整到合适的位置,如图5-132所示,将图层命名为"椭圆E"。在"图层"面板中选中"椭圆D"和"椭圆E"并链接。

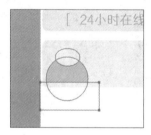

图 5-131 图 5-132

步骤64 将"椭圆D"和"椭圆E"移动到"底部"图像上,如图5-133所示。按住Shift键,单击"椭圆E"和"底部"形状,按住Alt+Shift组合键向下拖动,如图5-134所示,继续拖到合适的位置,如图5-135所示。

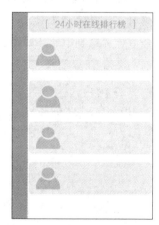

图 5-133 图 5-134 图 5-135

步骤 65 选择"横排文字工具",在"字符"面板中设置颜色为黑色,其他参数的设置如图5-136
所示,在合适的位置输入文字,如图5-137所示。

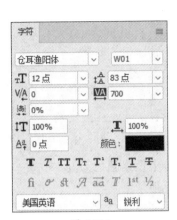

图 5-136

图 5-137

步骤 66 使用同样的方法,继续输入文字,颜色设置为#939292,如图5-138、图5-139所示。

图 5-138

图 5-139

步骤 67 继续输入文字,颜色设置为黑色,如图5-140所示。

步骤 68 选择"矩形工具",在属性栏中设置颜色为#f4f4f4,在图像窗口中的合适位置绘制矩
形,如图5-141所示。

图 5-140

图 5-141

步骤69 使用同样的方法，继续绘制矩形，颜色设置为#d8b3ad，如图5-142所示。

步骤70 继续绘制矩形，颜色分别设置为#f8d6a1、#b1b1b1，如图5-143所示。

图 5-142

图 5-143

步骤71 选择"横排文字工具"，在"字符"面板中设置颜色为#847171，其他参数的设置如图5-144所示，在合适的位置输入文字，如图5-145所示。

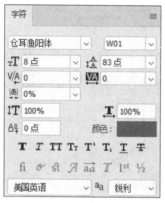

图 5-144

图 5-145

步骤72 至此，案例制作完成，最终效果如图5-146所示。

图 5-146

5.2 软件界面设计的基础知识

软件界面设计的基础知识包括软件界面设计的概念、软件界面设计的流程和软件界面设计的原则。

5.2.1 软件界面设计的概念

软件界面设计是界面设计的一个分支，主要针对软件的使用界面进行交互操作逻辑、用户情感化体验、界面元素美观的整体设计，具体包括软件启动界面设计、界面按钮设计、菜单设计、标签设计、图标设计、滚动条和状态栏设计等，如图5-147所示。

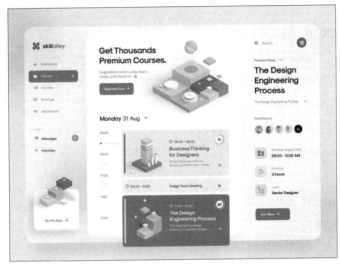

图 5-147

5.2.2 软件界面设计的流程

软件界面设计流程可以按照分析调研、交互设计、交互自查、视觉设计、设计测试、验证总结的步骤进行，如图5-148所示。

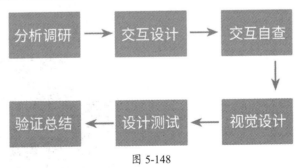

图 5-148

1. 分析调研

与APP和网页界面设计类似，软件界面的设计也要先分析需求，明确设计方向。

2. 交互设计

交互设计是对整个软件进行初步构思和设计的环节，一般需要进行纸面原型、框架设计、流程图设计、线框图设计等具体工作。交互设计的目的是让用户能更加简单地使用产品，任何产品上线之前都需要人机交互进行验证。

3. 交互自查

交互设计完成之后，进行交互自查可在执行界面设计之前检查出是否存在遗漏缺失等细节问题，它是整个软件界面设计流程中非常重要的一个阶段。

4. 视觉设计

在原型图审查通过后就可以进入视觉设计阶段了，这个阶段的设计图即为产品最终呈现给用户的界面。整体界面设计要清晰明了，能够达到让用户愉悦的目的。主要的视觉设计原则包括以下几点：

- 允许用户定制界面的风格
- 尽可能减少用户的认知负担，可通过计算机帮助用户记忆，例如，登录界面会出现记住密码、找回密码等操作，如图5-149所示
- 提供操作软件界面的快捷方式
- 界面排列协调一致，如整个界面按钮的上下位置要对齐
- 风格统一，主要包括色彩、内容、字体、图形、图标等

5. 设计测试

设计测试是让具有代表性的用户进行典型操作，设计人员和开发人员同时观察并记录，在测试过程中进行修改优化。

6. 验证总结

验证总结是软件设计最后一个环节，是为整套软件进行优化的重要支撑。在产品正式上线之后，可通过数据来验证前期的设计。

图 5-149

5.2.3 软件界面设计的原则

软件界面设计的目的是为用户的工作提供便利，而不能让用户感到烦琐、累赘。界面设计中最重要的就是人机交互部分，这部分界面设计应是透明的、高效的、令人心情愉悦的，如图5-150所示。

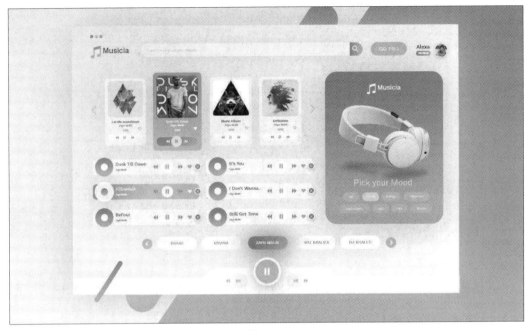

图 5-150

界面设计的原则有以下几点。

1. 自适应

在不同种类设备上显示的界面都应显得自然、流畅，如图5-151所示。

图 5-151

2. 共鸣

能够了解和预测用户需求，并根据用户的行为和意图进行调整，当某个体验的行为方式符合用户的期望时，该界面就显得很直观，如图5-152所示。

图 5-152

使用正确的控件可帮助用户更好地进行交互，并可较好地符合用户期望。

3. 美观

软件界面设计要注重美观，这样能够增强用户体验，让应用变得更加具有吸引力，如图5-153所示。

图 5-153

5.3 软件界面设计的规范

软件界面设计的规范包括设计尺寸及单位、界面结构、布局、字体、图标5个方面，如图5-154所示。

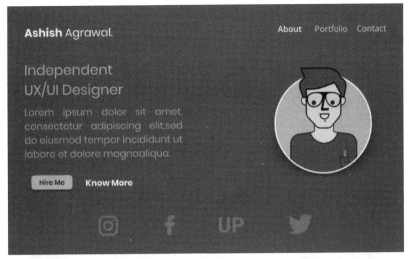

图 5-154

5.3.1 软件界面设计的尺寸及单位

1. 相关单位概念及换算方式

eps（effective pixels），又称为"e像素"，是一个虚拟度量单位，又称为有效像素，用于表示布局尺寸。它基于Windows通过系统缩放保证元素识别的工作原理，在设计通用Windows平台应用时，要以有效像素而不是实际物理像素为单位进行设计，这里的eps等同于像素，如图5-155所示。

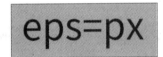

图 5-155

2. 设计尺寸

软件界面设计尺寸主要和两个因素有关，第1个因素是计算机显示器的分辨率，第2个因素是软件产品的分辨率。例如，一款设备的分辨率是1920 px×1080 px，即设备显示屏上水平方向有1920个像素，垂直方向有1080个像素。软件界面设计尺寸的对照情况详见表5-1。

表 5-1　软件界面设计尺寸对照表

大小级别	端点	典型屏幕大小（对角线）	设备	窗口大小
小	≤ 640 px	4"~6"；20"~65"	手机、电视	320 px × 569 px
				360 px × 640 px
				480 px × 854 px
中	641~1007 px	7"~12"	平板电脑	960 px × 854 px
大	≥ 1 008 px	≥ 13" 以及更大	计算机、笔记本电脑、Surface Hub	1024 px × 640 px
				1366 px × 768 px
				1920 px × 1080 px

5.3.2 软件界面设计的界面结构

通用Windows平台的软件界面通常是由导航、命令栏和内容元素组成的，如图5-156所示。

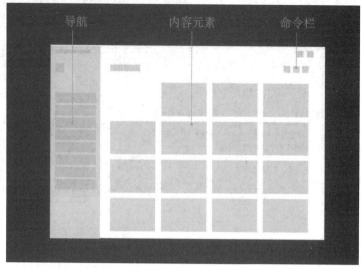

图 5-156

5.3.3 软件界面设计的布局

软件界面设计的页面布局主要包括导航、命令栏和内容元素。

1. 导航

常见的导航模式有左侧导航和顶部导航两种，如图5-157所示。

图 5-157

（1）左侧导航

当超过5个导航项目或应用程序超过5个页面时，建议使用左侧导航。导航通常包含导航项目、应用设置栏目和账户设置栏目等，如图5-158所示。

（2）顶部导航

顶部导航也可以作为一级导航。相较于可折叠的左侧导航，顶部导航始终可见，如图5-159所示。

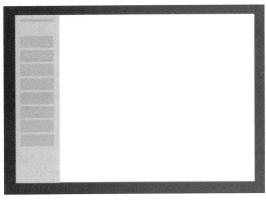

图 5-158

图 5-159

2. 命令栏

命令栏可以提供对应用程序级或页面级命令的访问，并且可以与任何导航模式一起使用。命令栏可以放在页面的底部或顶部，以最合适的设计为标准进行制作，如图5-160、图5-161所示。

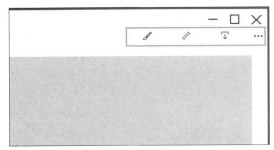

图 5-160

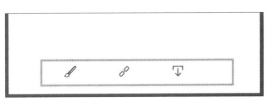

图 5-161

5.3.4 软件界面设计的字体

文字在前面几章中详细介绍过，本节主要针对Windows平台应用介绍文字的使用。

1. 系统字体

通过Windows平台应用汇总，建议英文使用默认字体Segoe UI，如图5-162所示。

ABCDEFGHIGKLMNO
PQRSTUVWXYZ
abcdefghijklmnopqr
stuvwxyz
1234567890

图 5-162

当应用显示非英语语言时可选择另一种字体，其中中文建议使用默认字体——微软雅黑，如图5-163所示。

非拉丁语言字体

字体系列	样式	注意
Ebrima	常规、粗体	非洲语言脚本的用户界面字体
Gadugi	常规、粗体	北美语言脚本的用户界面字体
Leelawadee UI	常规、粗体、半细	东南亚语言脚本的用户界面字体
Malgun Gothic	常规	朝鲜语的用户界面字体
Microsoft JhengHei UI	常规、粗体、细体	繁体中文的用户界面字体
Microsoft YaHei UI	常规、粗体、细体	简体中文的用户界面字体
Myanmar Text	常规	缅甸文脚本的后备字体
SimSun	常规	传统的中文用户界面字体
Yu Gothic UI	常规、粗体、半细细体、半细	日语的用户界面字体
Nirmala UI	常规、粗体、半细	南亚语言脚本的用户界面字体

图 5-163

在进行UI设计时，Sans-serif字体是适合用于标题和UI元素的，如图5-164所示。Serif字体适合用于显示大量正文，如图5-165所示。

Sans-serif字体

Sans-serif字体是用于标题和UI元素的不错选择。

字体系列	样式	注意
Arial	常规、粗体、斜体、粗斜体、黑体	支持欧洲和中东语言脚本，黑粗体仅支持欧洲语言脚本
Calibri	常规、粗体、斜体、粗斜体、细体细斜体	支持欧洲和中东语言脚本，阿拉伯语仅竖体重可用
Consolas	常规、粗体、斜体、粗斜体	支持欧洲语言脚本的固定宽度字体
Segoe UI	常规、粗体、斜体、粗斜体、黑斜体细斜体、细体、半细、半粗、黑体	欧洲和中东语言脚本
Selawik	常规、半细、细体、粗体、半粗	计量方面与Segoe UI兼容的开源字体，用于其他平台或不希望包含Segoe UI的应用

图 5-164

Serif 字体

Serif 字体适合用于显示大量文本。

字体系列	样式	注意
Cambria	常规	支持欧洲语言脚本的Serif字体
Courier New	常规、斜体、粗体、粗斜体	支持欧洲和中东语言脚本的Serif固定宽度字体
Georgia	常规、斜体、粗体、粗斜体	支持欧洲语言脚本
Times New Roman	常规、斜体、粗体、粗斜体	支持欧洲语言脚本的传统字体

图 5-165

2. 字体大小

Windows平台上的字体通过字号及字重的变化，在页面上建立了信息的层次关系，帮助用户轻松阅读，如图5-166所示。

Header	Light	48pt	58pt
Subheader	Light	32pt	40pt
Title	Regular	24pt	28pt
Title	Bold	12pt	14pt

图 5-166

5.3.5 软件界面设计的图标

界面图标在前面针对APP和网页的界面设计时做过详细的讲解，这里主要总结Windows软件界面图标的一些正确使用方法。

1. 使用系统自带图标

Microsoft为用户提供了1000多个Segoe MDL2 Assets字体格式的图标。这些字体图标能够在不同的显示器、不同的分辨率下都保持清晰。

2. 使用可缩放的矢量图SVG文件

SVG文件可以在任何尺寸或分辨率下拥有清晰的外观，并且大多数绘图软件都可以导出为SVG，因此它非常适合作为图标资源，如图5-167所示。

图 5-167

3. 使用几何图形对象

几何图形与SVG文件一样，也是一种基于矢量的资源，可以保证清晰的外观。由于必须单独指定每个点和曲线，因此创建几何图形比较复杂，如图5-168所示。使用这种方式制作图标，可以更加方便地对图标进行处理与修改。

4. 使用位图图像

当放大位图图像时，画面会变得非常模糊，通常呈现为像素颗粒，如图5-169所示。

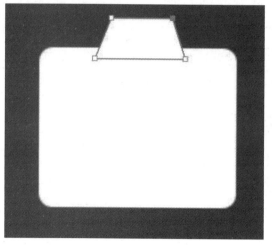

图 5-168

图 5-169

5.4 软件界面的常用类型

软件界面设计是影响整个软件用户体验的关键所在。在软件界面中，常用界面类型有启动页、着陆页、集合页、主/细节页、详细信息页和表单页。

1. 启动页

启动页，通常是用户等待程序启动时的界面。出色的启动页可以令用户在等待启动时眼前一亮，并能对产品产生较好的印象，如图5-170所示。

图 5-170

2. 着陆页

着陆页，又称为"登录页"，通常为用户使用软件时最先出现的页面。在软件应用中，大面积的设计区域可用来突出显示用户可能想要浏览和使用的内容，如图5-171所示。

图 5-171

3. 集合页

使用集合页可方便用户浏览内容组或数据组，如图5-172所示。其中，网络视图适用于照片或以媒体为中心的内容，列表视图则适用于文本或数据密集型的内容。

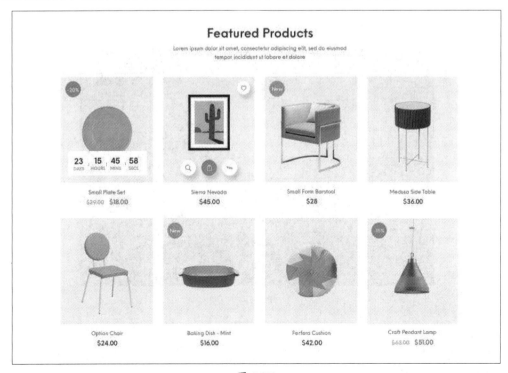

图 5-172

4. 主/细节页

主/细节页由列表视图（主）和内容视图（细节）共同组成，两个视图都是固定的且可以垂直滚动。当选择列表视图中的项目时，内容视图也会对应更新，如图5-173所示。

图 5-173

5. 详细信息页

当用户要查看详细内容时，在主/细节页的基础上可创建内容的查看页面，以便用户能够不受干扰地查看页面，如图5-174所示。

图 5-174

6. 表单页

表单页是一组控件，用于收集和提交来自用户的数据。大多数应用将表单用于页面设置、账户创建、反馈中心等内容页面，如图5-175所示。

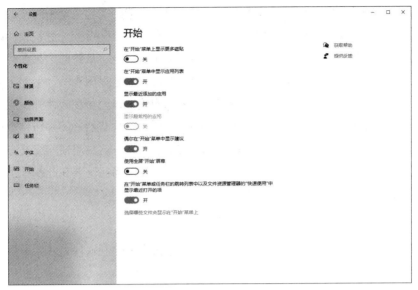

图 5-175

经验之谈 软件界面设计需要重点关注的三个要素

UI设计在软件项目开发过程中是工作量最大、最艰苦且最难以控制的阶段。不管一座大楼的设计多宏伟，若没有管道工、泥瓦匠、水电工等各种工匠一砖一瓦地艰辛积累、密切协作，这座大楼将始终是空中楼阁、海市蜃楼。

1. 深入用户分析

要进行软件界面开发设计，用户分析是第一步。用户是资源、软件界面信息的使用者，由于目前计算机系统以及相关的信息技术应用范围很广，其用户范围也遍及各个领域。我们必须了解各类用户的习性、技能、知识和经验，以便预测不同类别的用户对界面有什么不同的需要与反应，为交互系统的分析设计提供依据和参考，使设计出的交互系统更适合于各类用户的使用。由于用户具有知识、视听能力、智能、记忆能力、可学习性、动机、受训练程度，以及易遗忘、易出错等特性，使得对用户的分类、分析和设计变得更加复杂。另外，为了设计友好而又人性化的界面，也必须考虑各类不同类型用户的人文因素。

在软件设计过程中，需求设计角色会确定软件的目标用户，获取最终用户和直接用户的需求。用户交互要考虑到因目标用户的不同而引起的交互设计重点的不同。例如：对于科学用户和对于计算机入门用户的设计重点就不同。

2. 设定合理的交互方式

软件界面是人机之间的信息界面，交互是一个结合计算机科学、美学、心理学、人机工程学等工业和商业领域的行为，其目标是促进设计、执行和优化信息与通信系统以满足用户需要。

在交互过程中，交互设计关系到用户界面的外观与行为，它不完全受软件的约束。界面设计师以及决定如何与用户进行交互的工程师应该在这一领域深入研究。在界面开发过程中，他们必须贴近用户，或者与用户一起讨论并得出结果，所以他们的工作是较为辛苦但是非常具有意义的。

另外，界面与软件代码的生成、代码本身的意义以及功能的实现是紧密联系的。因此编译代码的人同样也应该在这方面做深入的研究。过去，编码人员只是单独地进行软件研发，而缺少必要的美学知识和界面专门技术来处理交互的问题。不幸的是，最终的结果往往不是用户所期望的。对于用户而言，最好的交互方式让程序员去实现往往是很困难的，由此矛盾出现了，这使得很多专家或者工程师肤浅地应付一些交互方面的问题。以至于在软件开发完成之后，这些专家和工程师惊讶地发现，用户对他们所实现的特征感到一片茫然，不知所措，通常选用另外一种方式进行交互。不同类型的目标用户有不同的交互习惯。这种习惯的交互方式往往来源于其原有的针对现实的交互流程、已有软件工具的交互流程。当然还要在此基础上通过调研分析找到用户希望达到的交互效果，并以流程方式确认下来。

3. 提示和引导用户

软件最终是用户的使用工具，因此，应该由用户来操作和控制软件，软件根据设定的规则响应用户的动作。

上手实操 影音播放器界面的设计制作

本案例将制作影音播放器的界面，涉及的知识点有使用"自定形状工具""圆角矩形工具"绘制图形、使用图层样式制作出想要的效果等，如图5-176所示。

图 5-176

设计要领

- 使用"自定形状工具"，绘制按钮图标
- 使用"圆角矩形工具"，绘制圆角矩形
- 使用图层样式，制作投影、渐变叠加及浮雕的效果

第6章　游戏界面设计

内容概要

　　本章将针对游戏界面设计的基础知识、游戏界面设计的规范以及一些常见的游戏界面类型进行介绍。通过本章的学习，可以帮助读者系统了解游戏界面设计的基础知识，掌握游戏界面设计的规范等。

知识要点

- 了解游戏界面设计的基础知识
- 掌握游戏界面设计的规范
- 了解游戏界面的常用类型

数字资源

【本章素材来源】："素材文件\第6章"目录下

【本章上手实操最终文件】："素材文件\第6章\上手实操"目录下

6.1 案例精讲：七巧板拼图游戏界面设计

本节将练习设计七巧板拼图游戏界面，主要使用Photoshop软件进行制作，涉及的知识点包括绘图工具、文字工具、蒙版等。在该案例中，将通过制作游戏的启动界面、主界面以及游戏界面来练习游戏界面设计。

6.1.1 启动界面

启动界面是游戏的门面。制作七巧板拼图游戏的启动界面涉及的知识点主要包括绘图工具的使用、文字工具的使用、滤镜的添加及剪贴蒙版的应用等。下面将对具体的操作步骤进行介绍。

扫码观看视频

步骤01 打开Photoshop软件，执行"文件"→"新建"命令，打开"新建文档"对话框，选择"移动设备"选项卡，选择"iPhone X"空白文档预设，设置预设详细信息，如图6-1所示。

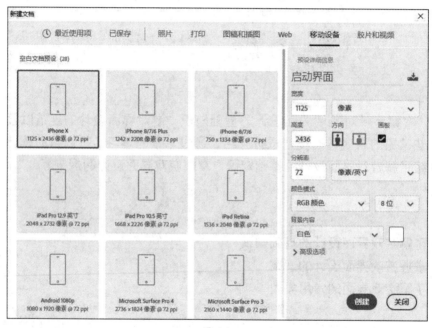

图 6-1

步骤02 完成后单击"创建"按钮，新建空白文档。执行"视图"→"新建参考线"命令，打开"新建参考线"对话框，参数设置如图6-2所示。完成后单击"确定"按钮，新建参考线。

步骤03 执行"文件"→"置入嵌入对象"命令，置入素材文件"状态栏.png"，调整至合适位置，如图6-3所示。

图 6-2

步骤04 选择"矩形工具"，在属性栏中设置填充为浅蓝色（#a1cfdf）、描边为无。设置完成后在图像窗口中单击，打开"创建矩形"对话框，参数设置如图6-4所示。完成后单击"确定"按钮，创建矩形，调整至合适位置，如图6-5所示。

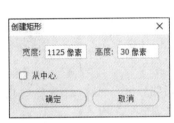

图 6-3

图 6-4

图 6-5

步骤 05 选中绘制的矩形，按住Alt键向下拖动复制，2个矩形间距为39像素，如图6-6所示。

步骤 06 重复操作，继续复制矩形，如图6-7所示。

步骤 07 选中最下层矩形，按Ctrl+T组合键自由变换，调整至合适大小，如图6-8所示。

图 6-6

图 6-7

图 6-8

步骤 08 选中所有矩形图层，按Ctrl+G组合键编组图层，并将图层组名称修改为"条纹"，将图层组的不透明度设置为50%，如图6-9所示。

步骤 09 选中所有矩形图层，按Ctrl+Alt+E组合键合并拷贝图层，将合并图层调整至"状态栏"图层上方，并将图层不透明度设置为50%，如图6-10所示。

图 6-9

图 6-10

步骤 10 选中合并图层，执行"滤镜"→"扭曲"→"波纹"命令，在弹出的提示对话框中单击"转换为智能对象"按钮，打开"波纹"对话框，参数设置如图6-11所示。

步骤 11 完成后单击"确定"按钮，为合并图层添加波纹滤镜效果，如图6-12所示。

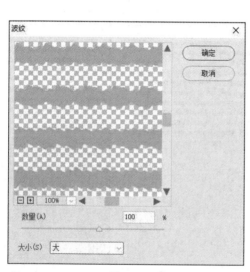
图 6-11

图 6-12

步骤 12 选择"椭圆工具",在属性栏中设置填充为无、描边为白色、粗细为6像素。设置完成后在图像窗口中单击,打开"创建椭圆"对话框,参数设置如图6-13所示。完成后单击"确定"按钮,创建一个直径为118像素的正圆,调整至合适位置,如图6-14所示。

步骤 13 选中绘制的正圆图层,按Ctrl+J组合键复制一层,按Ctrl+T组合键自由变换,调整至合适大小(27 px×27 px)。在"属性"面板中设置填充为白色、描边为无,效果如图6-15所示。保存该文件为"启动界面.psd"。

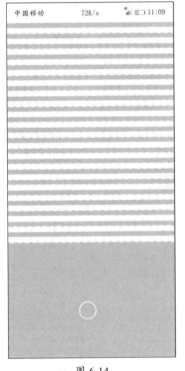

图 6-13　　　　　　　　　　图 6-14　　　　　　　　　　图 6-15

步骤 14 按Ctrl+N组合键,新建一个120×120像素的空白文档,并在水平和垂直60像素处添加参考线,如图6-16所示。

步骤 15 选择"矩形工具",在属性栏中设置填充为浅棕色(#d8b78e)、描边为无。设置完成后在图像窗口中单击,打开"创建矩形"对话框,参数设置如图6-17所示。完成后单击"确定"按钮,创建矩形,如图6-18所示。

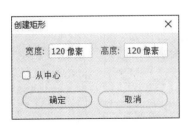

图 6-16　　　　　　　　　　图 6-17　　　　　　　　　　图 6-18

步骤16 选择"直接选择工具",选中矩形左下角锚点,拖到参考线交叉位置;选中左上角锚点,拖到参考线交叉位置,效果如图6-19所示。

步骤17 使用相同的方法,继续绘制矩形并进行调整,完成后效果如图6-20所示。本步骤中的颜色分别为:红色(#ea362d)、黄色(#fff45c)、橙色(#f8d000)、粉色(#f19f85)、浅蓝色(#a1cfdf)。保存该文件为"七巧板.psd"。

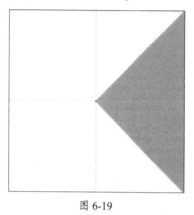

图 6-19

图 6-20

步骤18 选中"七巧板.psd"文件中绘制的所有矩形,拖到"启动界面"文档中,调整至合适大小,如图6-21所示。选中七巧板形状图层,按Ctrl+G组合键编组,并修改图层组名称为"七巧板"。

步骤19 调整每个矩形的位置,制作出形状,如图6-22所示。

图 6-21

图 6-22

步骤 20 在"图层"面板中选中"七巧板"图层组并右击,在弹出的菜单中选择"混合选项",打开"图层样式"对话框,在左侧选择"投影"选项,在右侧设置的参数如图6-23所示。

图 6-23

步骤 21 完成后单击"确定"按钮,为图层组添加投影效果,如图6-24所示。

步骤 22 选择"横排文字工具",在属性栏中设置字体为"仓耳渔阳体"、字重为"W03"、字号为90点,在图像窗口中的合适位置单击并输入文字,如图6-25所示。

图 6-24   图 6-25

步骤 23 选中文字图层,双击其名称右侧空白处,打开"图层样式"对话框,在左侧选择"描边"选项,在右侧设置的参数如图6-26所示。

步骤 24 在左侧选择"投影"选项,在右侧设置的参数如图6-27所示。

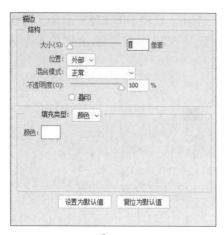

图 6-26

图 6-27

步骤 25 完成后单击"确定"按钮，效果如图6-28所示。

图 6-28

步骤 26 单击"图层"面板底部的"创建新图层" ⊞ 按钮，新建图层。选择"渐变工具"，单击属性栏中的颜色条 ，打开"渐变编辑器"对话框，设置的渐变颜色如图6-29所示。本步骤中的颜色吸取七巧板颜色即可。

步骤 27 完成后单击"确定"按钮，在图像窗口中沿文字位置及形状从左至右绘制渐变，效果如图6-30所示。

图 6-29

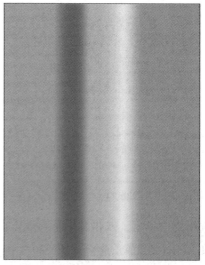

图 6-30

步骤 28 选中填充渐变的图层，按Ctrl+Alt+G组合键创建剪贴蒙版，效果如图6-31所示。

步骤 29 选中文字图层与渐变图层，按Ctrl+J组合键复制。选中复制的文字图层，执行"滤镜"→"风格化"→"风"命令，在弹出的提示对话框中单击"转换为智能对象"按钮，打开"风"对话框，参数设置如图6-32所示。

图 6-31

图 6-32

步骤 30 完成后单击"确定"按钮，效果如图6-33所示。

步骤 31 使用相同的方法，为复制的渐变图层添加"风"滤镜效果，"方法"设置为"大风"，效果如图6-34所示。

图 6-33

图 6-34

学习体会

步骤 **32** 至此，完成启动界面的制作，最终效果如图6-35所示。

图 6-35

6.1.2 主界面

　　主界面是游戏开始后的主要视觉界面。制作七巧板拼图游戏主界面涉及的知识点主要包括图形的绘制、图层样式的设置、图层蒙版的使用等。下面将对具体的操作步骤进行介绍。

步骤 **01** 新建一个1125×2436像素、分辨率为72像素/英寸的空白文档。打开"启动界面.psd"文档，拖动其条纹背景及状态栏至新建的空白文档中，如图6-36所示。

步骤 **02** 选中"状态栏"图层，在"图层"面板中双击其空白处，打开"图层样式"对话框，在左侧选择"投影"选项，在右侧设置的参数如图6-37所示。

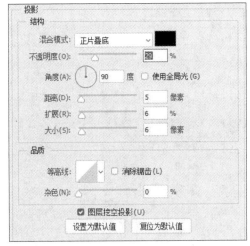

图 6-36　　　　　　　　　　　　　　　　图 6-37

步骤 **03** 完成后单击"确定"按钮，添加投影效果，如图6-38所示。

步骤 **04** 打开"七巧板.psd"文件，拖动七巧板图像至新建的文档中，分别选中七巧板图像，按Ctrl+T组合键自由变换，制作出形状，并调整形状颜色，如图6-39所示。

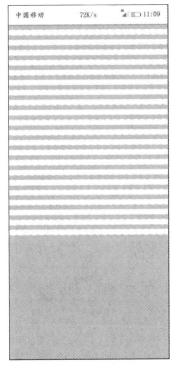

图 6-38　　　　　　　　　　　　　　　　图 6-39

步骤 05 选中七巧板形状图层，按Ctrl+G组合键编组，并修改名称为"七巧板-山"，修改图层组不透明度为78%，如图6-40所示。

步骤 06 双击图层组右侧空白处，打开"图层样式"对话框，在左侧选择"投影"选项，在右侧设置的参数如图6-41所示。

图 6-40　　　　　　　　　　　　　　　　　　图 6-41

步骤 07 完成后单击"确定"按钮，效果如图6-42所示。

步骤 08 在"图层"面板中选中"七巧板-山"图层组，按Ctrl+J组合键复制，按Ctrl+T组合键自由变换，并调整至合适位置，如图6-43所示。

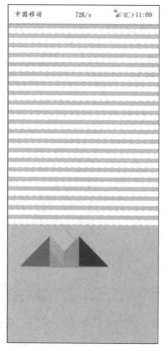
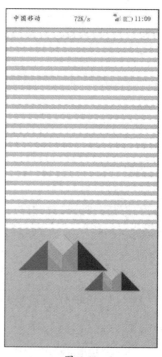

图 6-42　　　　　　　　　　　　　　　　　　图 6-43

步骤 09 继续复制图层组，并调整七巧板形状位置，制作出小船效果，如图6-44所示。修改图层组名称为"七巧板-舟"。

步骤 10 选择"七巧板-舟"图层组，按Ctrl+J组合键复制，按Ctrl+T组合键自由变换，并调整至合适位置，如图6-45所示。

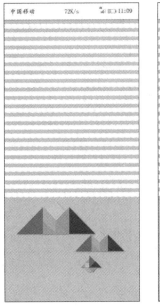

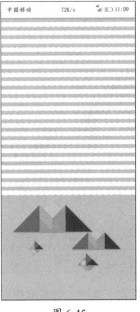

图 6-44

图 6-45

步骤 11 使用相同的方法，继续复制图层组，并调整形状位置，制作出鸟的形状，如图6-46所示。修改图层组名称为"七巧板-鸟"。

步骤 12 选择"七巧板-鸟"图层组，按Ctrl+J组合键复制，按Ctrl+T组合键自由变换，并调整至合适位置，如图6-47所示。

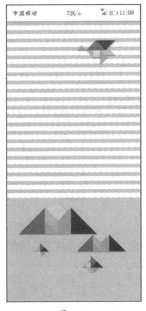

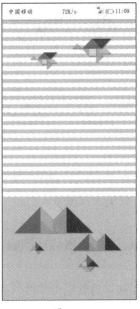

图 6-46

图 6-47

步骤13 选择"直线工具",在属性栏中设置填充为无、描边为黑色、粗细为3像素,按住Shift键在图像窗口中小舟形状下方绘制一条直线,如图6-48所示。

步骤14 选中绘制的直线,执行"滤镜"→"扭曲"→"波纹"命令,在弹出的提示对话框中单击"转换为智能滤镜"按钮,打开"波纹"对话框,参数设置如图6-49所示。

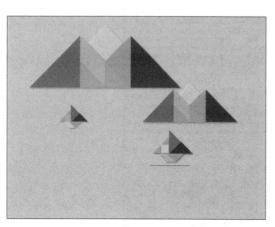

图 6-48　　　　　　　　　　　　　　图 6-49

步骤15 完成后单击"确定"按钮,效果如图6-50所示。

步骤16 选中添加滤镜后的直线,按住Alt键拖动复制,重复几次,制作出水波纹效果,如图6-51所示。选中所有直线,按Ctrl+G组合键编组,并修改图层组名称为"水波纹"。

图 6-50　　　　　　　　　　　　　　图 6-51

步骤17 单击"图层"面板底部的"创建新图层" 按钮,新建图层。选择"铅笔工具",设置前景色为黑色,在属性栏中设置画笔大小为7、不透明度为100%,在图像窗口中绘制路径,如图6-52所示。

步骤18 选择新建的图层,单击"图层"面板底部的"添加矢量蒙版"按钮,为图层添加蒙版,如图6-53所示。

步骤19 选择"图层"面板中的蒙版缩略图,选择"画笔工具",设置前景色为黑色、画笔大小为30,在路径上部分位置单击,效果如图6-54所示。

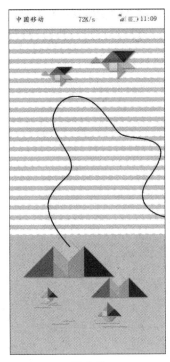

图 6-52

图 6-53

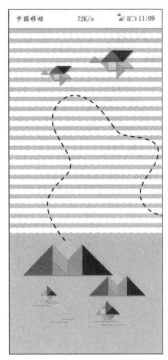

图 6-54

步骤 20 选择"圆角矩形工具",在属性栏中设置填充为粉色(#f19f85)、描边为黑色、粗细为1像素。在图像窗口中的合适位置单击,打开"创建圆角矩形"对话框,参数设置如图6-55所示。

步骤 21 完成后单击"确定"按钮,创建圆角矩形,调整至合适位置,如图6-56所示。

图 6-55

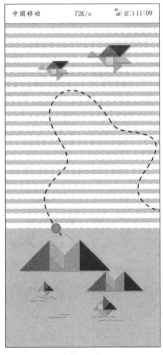

图 6-56

步骤 22 在"图层"面板中选中圆角矩形，双击其名称右侧空白处，打开"图层样式"对话框，在左侧选择"内发光"选项，在右侧设置的参数如图6-57所示。

步骤 23 在左侧选择"外发光"选项，在右侧设置的参数如图6-58所示。

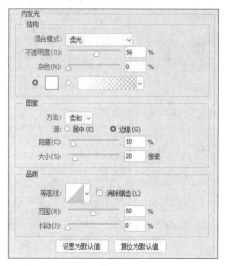
图 6-57

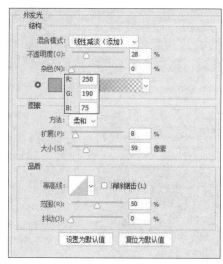
图 6-58

步骤 24 完成后单击"确定"按钮，效果如图6-59所示。

步骤 25 选中圆角矩形，按住Alt键拖动复制，在"属性"面板中调整其颜色为浅棕色（#d8b78e），效果如图6-60所示。

步骤 26 使用相同的方法，复制圆角矩形，效果如图6-61所示。

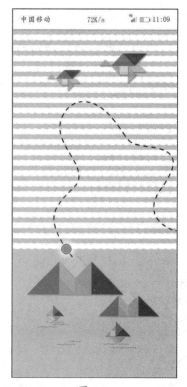

图 6-59

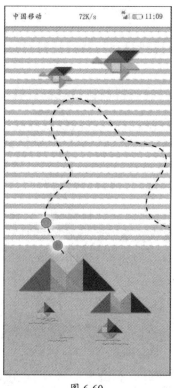
图 6-60

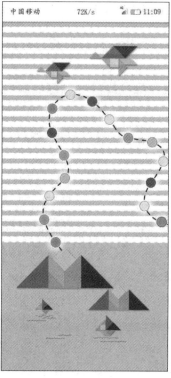
图 6-61

步骤27 在"图层"面板中选中后半部分圆角矩形图层并右击，在弹出的菜单中选择"清除图层样式"选项，去除图层样式效果，制作出通关关卡与未通关关卡的区别，如图6-62所示。选中所有圆角矩形，按Ctrl+G组合键编组，并修改图层组名称为"关卡"。

步骤28 选择"自定形状工具"，在属性栏中设置填充为白色、描边为黑色、粗细为2像素，选择形状为"爪印（猫）"（如图6-63所示）。按住Shift键在图像窗口中单击并拖动绘制形状，如图6-64所示。

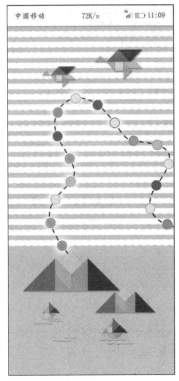

图 6-62

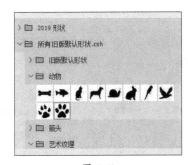

图 6-63

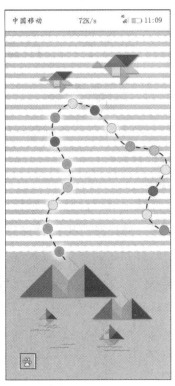

图 6-64

步骤29 使用相同的方法，选择"自定形状工具"，在属性栏中设置填充为浅棕色（#d8b78e）、描边为黑色、粗细为2像素，选择形状为"学校"（如图6-65所示）。按住Shift键在图像窗口中单击并拖动绘制形状，如图6-66所示。

图 6-65

图 6-66

步骤 30 使用相同的方法，选择"自定形状工具"，在属性栏中设置填充为浅橙色（#efcc02）、描边为黑色、粗细为2像素，选择形状为"形状180"（如图6-67所示）。按住Shift键在图像窗口中单击并拖动绘制形状，如图6-68所示。

图 6-67　　　　　　　　　　　　　　　图 6-68

步骤 31 新建图层，修改其名称为"商店"。选择"铅笔工具"，在属性栏中设置画笔大小为3，在图像窗口中的合适位置绘制形状，如图6-69所示。

步骤 32 选择"自定形状工具"，在属性栏中设置填充为橙色（#ffd500）、描边为黑色、粗细为2像素，选择形状为"奖杯"（如图6-70所示）。

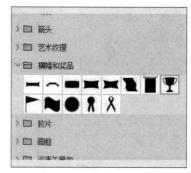

图 6-69　　　　　　　　　　　　　　　图 6-70

步骤 33 按住Shift键在图像窗口中单击并拖动绘制形状，如图6-71所示。

步骤 34 使用相同的方法，选择"自定形状工具"，在属性栏中设置填充为黄色（#fcf447）、描边为黑色、粗细为2像素，选择形状为"灯泡3"（如图6-72所示）。

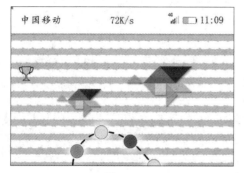

图 6-71　　　　　　　　　　　　　　　图 6-72

步骤 35 按住Shift键在图像窗口中单击并拖动绘制形状，如图6-73所示。

步骤 36 继续选择"自定形状工具"，在属性栏中设置填充为蓝色（#459ebd）、描边为黑色、粗细为2像素，选择形状为"工具"（如图6-74所示）。

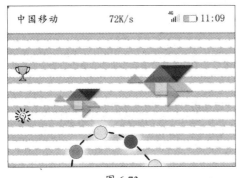

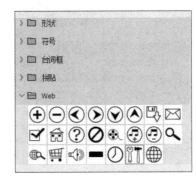

图 6-73

图 6-74

步骤 37 按住Shift键在图像窗口中单击并拖动绘制形状，如图6-75所示。选中绘制的所有形状，按Ctrl+G组合键编组，修改图层组名称为"图标"。

步骤 38 选择"横排文字工具"，在属性栏中设置字体为"站酷快乐体2016修订版"、字号为30点、颜色为白色，在图像窗口中奖杯下方单击并输入文字"荣誉"，如图6-76所示。这里为了便于观看，先将文字设置为黑色。

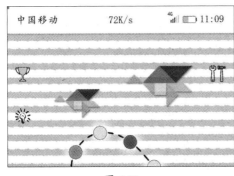

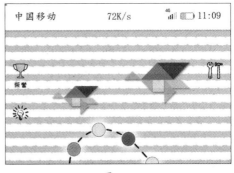

图 6-75

图 6-76

步骤 39 选中文字图层，在"图层"面板中双击文字图层右侧空白处，打开"图形样式"对话框，在左侧选择"描边"选项，在右侧设置的参数如图6-77所示。

步骤 40 完成后单击"确定"按钮，效果如图6-78所示。

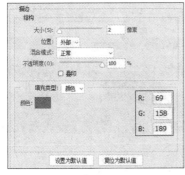

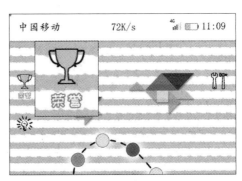

图 6-77

图 6-78

步骤41 使用相同的方法，输入文字并添加描边效果，如图6-79、图6-80所示。

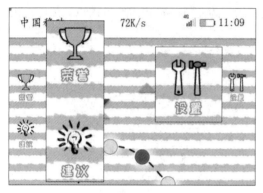

图 6-79   图 6-80

步骤42 选择"圆角矩形工具"，在属性栏中设置填充为白色、描边为黑色、粗细为2像素，在图像窗口中的合适位置单击，打开"创建圆角矩形"对话框，参数设置如图6-81所示。

步骤43 完成后单击"确定"按钮，创建圆角矩形，如图6-82所示。

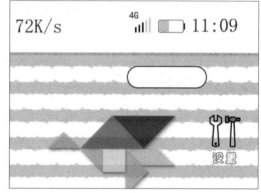

图 6-81   图 6-82

步骤44 选择"椭圆工具"，在属性栏中设置填充为橙色（#ffd600）、描边为黑色、粗细为2像素，在图像窗口中的合适位置单击，打开"创建椭圆"对话框，参数设置如图6-83所示。

步骤45 完成后单击"确定"按钮，创建正圆，如图6-84所示。

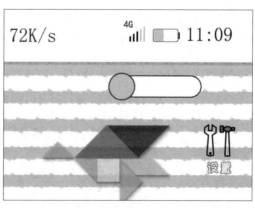

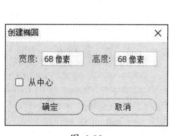

图 6-83   图 6-84

步骤 46 新建图层，选择"钢笔工具"，在图像窗口中的合适位置单击并绘制路径，如图6-85所示。

步骤 47 按Ctrl+Enter组合键将路径转换为选区，选择任意选择工具，在图像窗口中右击，在弹出的菜单中选择"描边"选项，打开"描边"对话框，参数设置如图6-86所示。

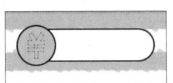

图 6-85 图 6-86

步骤 48 完成后单击"确定"按钮，为选区添加描边，效果如图6-87所示。

步骤 49 右击，在弹出的菜单中选择"填充"选项，打开"填充"对话框，选择"内容"为"颜色"，打开"拾色器（填充颜色）"对话框，设置颜色为绿色（#00c741），完成后单击"确定"按钮，返回"填充"对话框，其他参数设置如图6-88所示。

步骤 50 完成后单击"确定"按钮，填充选区，按Ctrl+D组合键取消选区，效果如图6-89所示。选中圆角矩形、正圆与新建图层，按Ctrl+G组合键编组，并修改图层组名称为"金钱"。

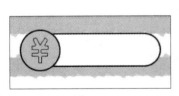

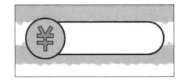

图 6-87 图 6-88 图 6-89

步骤 51 使用相同的方法，新建"体力""等级"图层组，如图6-90所示。保存该文件为"主界面.psd"。

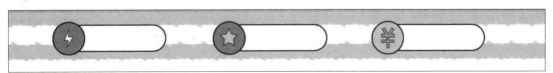

图 6-90

你学会了吗？

步骤 **52** 至此，完成主界面的制作，最终效果如图6-91所示。

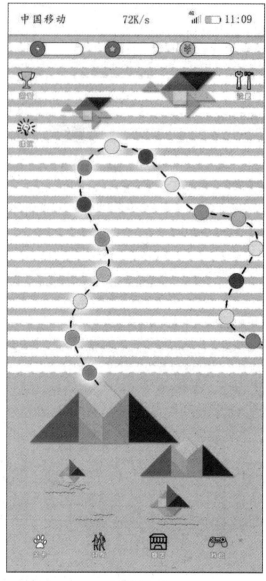

图 6-91

扫码观看视频

6.1.3　游戏界面

游戏界面是游戏的主要操作界面。制作七巧板拼图游戏的操作界面涉及的知识点主要包括图形的绘制、文字工具的使用、图层样式的调整等。下面将对具体的操作步骤进行介绍。

步骤 **01** 新建一个1125×2436像素、分辨率为72像素/英寸的空白文档。执行"文件"→"置入嵌入对象"命令，置入素材文件"状态栏.png"，如图6-92所示。

步骤 **02** 选择"矩形工具"，在属性栏中设置填充为浅蓝色（#a1cfdf）、描边为无。设置完成后在图像窗口中单击，打开"创建矩形"对话框，参数设置如图6-93所示。完成后单击"确定"按钮，创建矩形，调整至合适位置，如图6-94所示。调整矩形图层至"状态栏"图层下方。

图 6-92

图 6-93

图 6-94

步骤 **03** 选中绘制的矩形，按住Alt键向下拖动复制，2个矩形间距为39像素，重复多次操作，效果如图6-95所示。

步骤 **04** 选中所有矩形图层，按Ctrl+G组合键编组图层，并调整图层组名称为"条纹"，调整图层组的不透明度为50%，如图6-96所示。

步骤 **05** 选中"条纹"图层组，按Ctrl+J组合键复制，按Ctrl+E组合键合并图层组，并将合并图层调整至"条纹"图层组下方，并调整图层不透明度为50%，如图6-97所示。

图 6-95

图 6-96

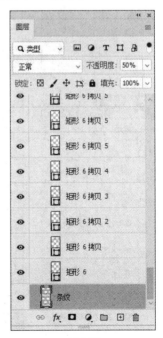

图 6-97

步骤06 选中合并后的"条纹"图层，执行"滤镜"→"扭曲"→"波纹"命令，打开"波纹"对话框，参数设置如图6-98所示。完成后单击"确定"按钮，效果如图6-99所示。

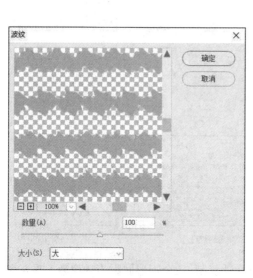

图 6-98　　　　　　　　　　　　　　　　　　　图 6-99

步骤07 选中图像窗口中从下至上数的第4个矩形，在"图层"面板中按住Alt键向上拖动复制，如图6-100所示。按Ctrl+T组合键自由变换矩形，效果如图6-101所示。

步骤08 打开"主界面.psd"文档，选中"图层"面板中的"体力""金钱"和"等级"图层组，拖到新建文档中，调整至合适位置，如图6-102所示。

图 6-100　　　　　　　　　　　图 6-101　　　　　　　　　　　图 6-102

步骤 09 选中"体力"图层组中的圆角矩形图层，按Ctrl+J组合键复制，在"属性"面板中调整其尺寸，设置填充为浅蓝色（#6dbcd7）、描边为无，其他参数设置如图6-103所示。调整后效果如图6-104所示。

步骤 10 选择"文字工具"，在属性栏中设置字体为"仓耳渔阳体"、字号为30点、字重为"W03"、颜色为浅蓝色（#6dbcd7），在浅蓝色圆角矩形的右侧单击并输入文字，如图6-105所示。

图 6-103

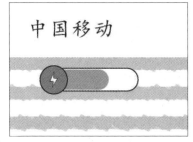

图 6-104

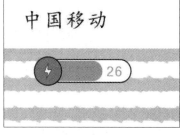

图 6-105

步骤 11 选中"等级"图层组中的五角星图层，按Delete键删除，修改该图层组名称为"时间"。选中该图层组中的椭圆图层，在"属性"面板中调整填充为橙色（#f19f85），效果如图6-106所示。

步骤 12 选中"时间"图层组中的圆角矩形图层，按Ctrl+J组合键复制，在"属性"面板中调整其尺寸，设置填充为浅橙色（#facd89）、描边为无，如图6-107所示。

步骤 13 选择"文字工具"，在属性栏中设置字体为"仓耳渔阳体"、字号为30点、字重为"W03"、颜色为浅橙色（#facd89），在浅橙色圆角矩形的右侧单击并输入文字，如图6-108所示。

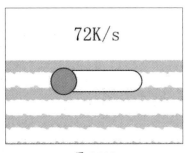

图 6-106

图 6-107

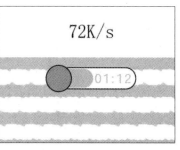

图 6-108

步骤 **14** 选择"时间"图层组中的椭圆,单击"图层"面板组底部的"创建新图层"按钮,新建图层。选择"椭圆工具",在图像窗口中合适位置绘制一个45×45像素的椭圆,设置其填充为无、描边为黑色、粗细为3像素,效果如图6-109所示。

步骤 **15** 选中新绘制的椭圆,单击"图层"面板底部的"添加图层蒙版" 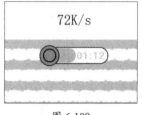 按钮,为该图层添加图层蒙版。选中蒙版缩略图,选择"画笔工具",设置画笔大小为7、前景色为黑色,在椭圆上涂抹,隐藏部分形状,效果如图6-110所示。

步骤 **16** 新建图层,选择"铅笔工具",在属性栏中设置画笔大小为3,在椭圆上方涂抹,制作出箭头和指针的效果,如图6-111所示。

图 6-109　　　　　　　　　图 6-110　　　　　　　　　图 6-111

步骤 **17** 选择"金钱"图层组中的圆角矩形,单击"图层"面板组底部的"创建新图层"按钮,新建图层。选择"文字工具",在属性栏中设置字体为"仓耳渔阳体"、字号为30点、字重为"W03"、颜色为黄色(#ffde00),在圆角矩形上单击并输入文字,如图6-112所示。

步骤 **18** 使用"椭圆工具"创建一个118×118像素的椭圆,如图6-113所示。

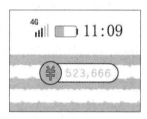
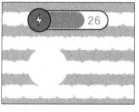

图 6-112　　　　　　　　　　图 6-113

步骤 **19** 双击新建椭圆名称右侧的空白处,打开"图层样式"对话框,在左侧选择"投影"选项,在右侧设置的参数如图6-114所示。

步骤 **20** 完成后单击"确定"按钮,效果如图6-115所示。

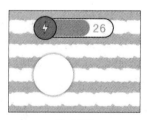

图 6-114　　　　　　　　　　图 6-115

步骤 21 新建图层,使用"圆角矩形工具"在椭圆上方绘制圆角矩形,设置圆角矩形填充为黄色(#ffde00)、描边为无,效果如图6-116所示。

步骤 22 选中绘制的圆角矩形,按住Alt键拖动复制,如图6-117所示。选中新绘制的椭圆与圆角矩形,按Ctrl+G组合键编组,并修改图层组名称为"暂停"。

步骤 23 选择"矩形工具",在图像窗口中绘制一个950×720像素、圆角为30像素、填充为白色、描边为无的矩形,如图6-118所示。

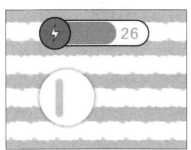

图 6-116

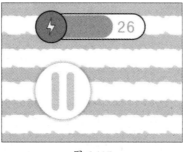

图 6-117

图 6-118

步骤 24 选中绘制的矩形,在"图层"面板中双击其名称右侧的空白处,打开"图层样式"对话框,在左侧选择"内阴影"选项,在右侧设置的参数如图6-119所示。完成后单击"确定"按钮,添加内阴影效果,如图6-120所示。

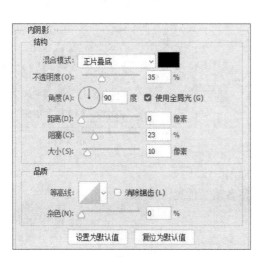

图 6-119

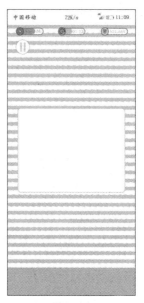

图 6-120

步骤 **25** 打开"七巧板.psd"文档，选中除背景外的所有图层，拖到当前文档中，按Ctrl+G组合键编组，修改图层组名称为"七巧板"。分别调整该图层组中各图层的位置与角度，拼接形状，如图6-121所示。

步骤 **26** 选中该图层组，按Ctrl+J组合键复制，按Ctrl+E组合键合并图层，隐藏原"七巧板"图层组。按Ctrl键单击合并图层缩略图，创建选区，设置前景色为深蓝色（#3995b5），按Alt+Delete键为选区填充前景色，如图6-122所示。

图 6-121

图 6-122

步骤 **27** 选中合并图层，在"图层"面板中双击其名称右侧的空白处，打开"图层样式"对话框，在左侧选择"描边"选项，在右侧设置的参数如图6-123所示。

步骤 **28** 在左侧选择"内阴影"选项，在右侧设置的参数如图6-124所示。

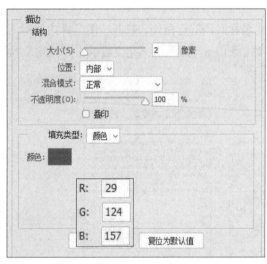

图 6-123   图 6-124

步骤 **29** 完成后单击"确定"按钮，效果如图6-125所示。

步骤 **30** 显示"七巧板"图层组，分别调整各图层位置，如图6-126所示。

图 6-125

图 6-126

步骤31 选中"七巧板"图层组，双击其名称右侧的空白处，打开"图层样式"对话框，在左侧选择"投影"选项，在右侧设置的参数如图6-127所示。

步骤32 完成后单击"确定"按钮，效果如图6-128所示。

图 6-127

图 6-128

步骤33 使用"椭圆工具"在底部矩形上绘制一个132×132像素、填充为灰色（#eeeeee）、描边为无的圆，如图6-129所示。

步骤34 选中绘制的圆，单击其名称右侧的空白处，打开"图层样式"对话框，在左侧选择"投影"选项，在右侧设置的参数如图6-130所示。

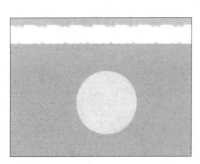

图 6-129　　　　　　　　　　　　　　　图 6-130

步骤35 完成后单击"确定"按钮，效果如图6-131所示。

步骤36 选中该圆，按Ctrl+J组合键复制，在"图层"面板中右击，在弹出的菜单中选择"清除图层样式"选项，清除图层样式。在"属性"面板中修改其填充为白色，按Ctrl+T组合键自由变换，调整至合适大小，如图6-132所示。

图 6-131　　　　　　　　　　　　　　　图 6-132

步骤37 选中两个圆，按住Alt键拖动复制，重复一次，效果如图6-133所示。

图 6-133

步骤38 新建图层。选择"自定形状工具"，在属性栏中设置填充为浅蓝色（#6dbcd7）、描边为无，选择形状为"灯泡2"（如图6-134所示）。按住Shift键在图像窗口中单击并拖动绘制形状，如图6-135所示。

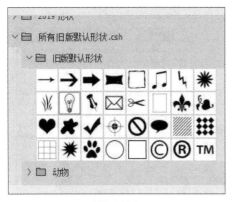

图 6-134

图 6-135

步骤39 新建图层。使用相同的方法，选择形状为"沙漏"（如图6-136所示）。按住Shift键在画板中单击并拖动绘制形状，如图6-137所示。

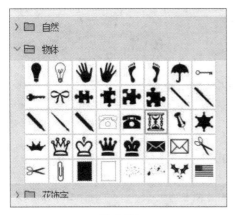

图 6-136

图 6-137

步骤40 继续新建图层，绘制形状"花5"，如图6-138、图6-139所示。

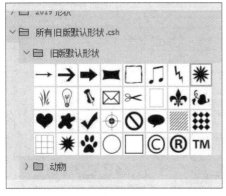

图 6-138

图 6-139

步骤41 新建图层，使用"圆角矩形工具"绘制圆角矩形，在属性栏中设置填充为浅蓝色（#6dbcd7）、描边为无，按Ctrl+T组合键自由变换圆角矩形，调整至合适角度，如图6-140所示。

步骤42 至此，完成游戏界面的制作，最终效果如图6-141所示。

图 6-140

图 6-141

至此，完成启动界面、主界面和游戏界面的设计，如图6-142所示。

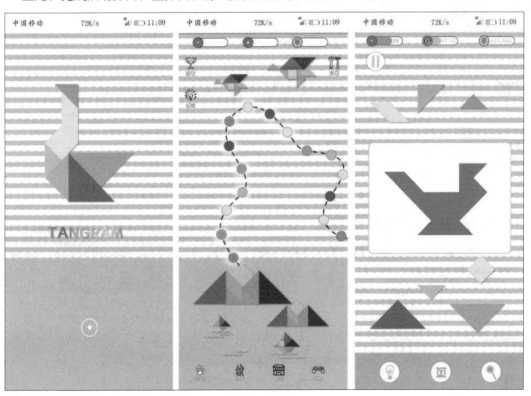

图 6-142

6.2 游戏界面设计的基础知识

游戏设计是指设计及制作游戏的过程，其中，游戏界面的设计是游戏设计过程中非常重要的一环。游戏界面是用户最直观接触的部分，是游戏设计好坏的一个重要评判标准。本节将针对游戏界面设计的基础知识进行介绍。

6.2.1 游戏界面设计的概念

游戏界面设计是将游戏中的信息合理布局在界面中，引导用户进行操作，起到联系玩家与游戏的桥梁作用。游戏界面设计元素包括游戏进行过程中的动画、文字、按钮、声音、窗口等，如图6-143所示。常见的游戏界面包括手机游戏界面、平板游戏界面和网页游戏界面3种。

图 6-143

6.2.2 游戏界面设计的流程

设计游戏界面时，一般会遵循分析调研、交互设计、交互自查、视觉设计、设计跟进、设计验证的设计流程，如图6-144所示。

分析调研 → 交互设计 → 交互自查 → 视觉设计 → 设计跟进 → 设计验证

图 6-144

下面将针对这6步流程进行介绍。

1. 分析调研

游戏并不是闭门造车设计出来的。在开始制作游戏之前，设计师需要根据游戏的类型、用户群体、同类游戏等进行调研，再根据需求对设计风格、设计方向等进行确认，从而完成游戏界面的设计。图6-145、图6-146所示为不同风格的游戏界面。

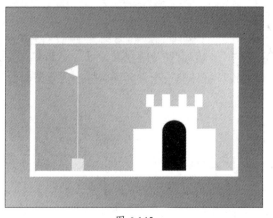

图 6-145

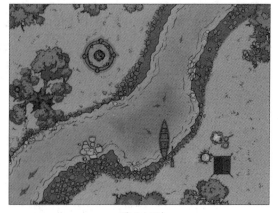

图 6-146

2. 交互设计

交互设计是指定义和设计游戏的行为，是对整个游戏设计进行初步构思和设计的环节。它定义了游戏与用户交流的内容和结构，使用户可以和游戏沟通，从而满足游戏以人为本的设计需求。

3. 交互自查

完成交互设计后，通过交互自查，可以在进行界面设计之前检查出交互设计是否存在疏漏，从而避免后续更多的调整。

4. 视觉设计

完成交互自查后，就可以进行游戏界面的设计了。游戏界面设计中包括了一切用户所能看到的内容，在进行该部分设计时，需要遵循一定的设计规范，保证视觉效果，满足用户的心理需求。

5. 设计跟进

设计跟进是为了保证设计效果能完美呈现，以达到预期效果。该步骤需要设计人员与开发人员共同参与。

6. 设计验证

完成整个游戏的设计后，需要对其进行验证，以便更好地优化游戏，保证游戏达到规定的要求。

6.2.3 游戏界面设计的原则

游戏界面的设计直接影响用户对游戏的感受，在进行游戏界面设计时，需要遵循一定的设计原则，以保证游戏界面的质量。下面将针对游戏界面设计的原则进行介绍。

1. 设计简洁

这里的简洁是指游戏界面要设计得简洁美观，易于操作与识别，减少用户在操作上的错误，即以方便用户行为为主旨进行设计。

2. 风格统一

界面设计的风格、结构等要与游戏内容、主题相统一，以免产生突兀的感觉。这项原则看起来简单，实则非常考验设计功底。在设计时，设计师要考虑颜色的适配性、图标和按钮的样式、结构、颜色等，以及字体的样式选择，通过类似的比例、结构、主次等，制作出风格统一的游戏界面，如图6-147所示。

图 6-147

3. 视觉清晰

视觉清晰可以提升游戏质量，加深用户对游戏的理解，方便用户的使用。由于移动设备屏幕的特殊性，为了达到更高的清晰度，游戏UI设计师需要设计不同的界面资源，以达到目的。

4. 用户思维

游戏设计完成后是为用户服务的，所以设计游戏时要站在用户的角度设计游戏界面，满足大部分玩家的想法。根据不同的游戏受众，设计师可以从造型、界面颜色、界面布局等方面表现，为用户带来不同的游戏体验。

5. 操作习惯

游戏界面的操作要符合用户的认知与习惯，不能天马行空，脱离现实。根据这一原则，设计师需要针对目标人群，设计符合其习惯的界面系统。

6. 操作自由

游戏的操作方式不应局限于屏幕、鼠标、键盘等，也应包括游戏手柄、体感游戏设备等更富沉浸感的装备，如图6-148、图6-149所示。在设计游戏界面时，应考虑到这一点，以保证操作的高度自由。

图 6-148

图 6-149

6.3 游戏界面设计的规范

随着游戏行业的发展，与游戏相关的规范越来越全面。相应地，关于游戏界面设计的规范也愈加完善，如界面的尺寸及单位、界面结构、布局、字体等，了解这些规范可以帮助设计师更好地制作游戏界面。本节将针对这些规范进行介绍。

6.3.1 游戏界面设计的尺寸及单位

根据设备的不同，游戏界面主要分为手机游戏界面、平板游戏界面、网页游戏界面等，设计师需要根据不同设备来设计不同尺寸的界面大小。常用的界面尺寸如表6-1所示。

表 6-1 游戏界面设计的常见尺寸一览表

设备	屏幕分辨率（px）	图像分辨率（ppi）	缩放因子
iPhone 12 Pro Max	1284×2778	458	@3×
iPhone 12，12 Pro	1170×2532	460	@3×
iPhone 12 mini	1080×2340	476	@3×
iPhone XS Max，11 Pro Max	1242×2688	458	@3×
iPhone XR，11	828×1792	326	@2×
iPhone X，XS，11Pro	1125×2436	458	@3×
iPad Pro 12.9	2048×2732	264	@2×
iPad Pro 10.5	1668×2224	264	@2×
iPad Pro，iPad Air 2，Retina	1536×2048	264	@2×
iPad mini 2，3，4	1536×2048	326	@2×
iPad 1，2	768×1024	132	@1×
iPad mini	768×1024	163	@1×
常见系统分辨率	1336×768		
	1920×1080		
	1440×900		

6.3.2 游戏界面设计的界面结构

根据用户对界面注意力的不同，可以将游戏界面划分为主要视觉区域、次要视觉区域和弱视区域，如图6-150所示。设计师在进行游戏界面设计时，可以根据不同区域对界面内容进行合理的规划。

图 6-150

6.3.3 游戏界面设计的布局

游戏界面中一般包括启动界面、主界面、设置界面、游戏界面、胜利界面和商店界面6种常见界面。根据界面性质的不同，常用的界面布局也会有所变化。下面将针对这6种界面的常见布局进行介绍。

1. 启动界面

打开一款游戏，用户最先接触到的就是启动界面，制作精良的启动界面可以为游戏加分，给用户带来良好的视觉体验。常见的启动界面布局如图6-151、图6-152所示。

图 6-151

图 6-152

2. 主界面

主界面是打开游戏后游戏的主视觉界面。一般游戏的设置、活动及相关帮助按钮等都在该界面中，用户可以通过这些按钮打开相应的二级界面。图6-153、图6-154所示为常见的主界面布局。

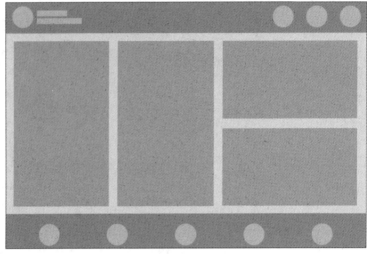

图 6-153   图 6-154

3. 设置界面

在设置界面中可以对游戏的相关参数进行设置。用户可以根据自身需要修改设置界面中的选项，以获得更佳的游戏体验。图6-155、图6-156所示为常见的设置界面布局。

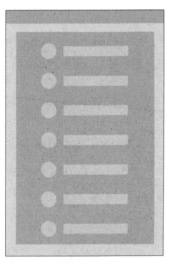

图 6-155   图 6-156

4. 游戏界面

游戏界面是用户真正进行游戏的界面，包括玩法的控制、时间提示、游戏角色信息等。常见的游戏界面布局如图6-157、图6-158所示。

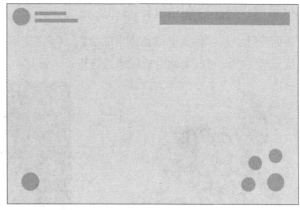

图 6-157　　　　　　　　　　　　　　　　　　图 6-158

5. 胜利界面

当游戏通关成功后，一般会出现特定的胜利界面，对玩家进行祝贺，并结算游戏通关结果，给用户带来成就感与满足感。图6-159、图6-160所示为常见的胜利界面。

图 6-159　　　　　　　　　　　　　　　　　　图 6-160

6. 商店界面

商店界面是游戏运营的主要盈利来源，一般包括道具、游戏时间等虚拟产品，可帮助用户更便捷地开打通关游戏或带来更养眼的角色形象。图6-161、图6-162所示为常见的商店界面布局。

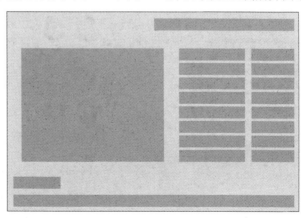

图 6-161　　　　　　　　　　　　　　　　　　图 6-162

6.3.4　游戏界面设计的字体

游戏界面设计中的字体要遵循易识别的原则，可根据不同平台选择对应的系统字体。针对一些标题展示类文字，可以根据游戏风格进行设计，如图6-163、图6-164所示。

图 6-163

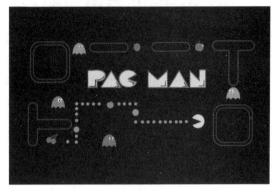

图 6-164

设置字体时，要保证PC网页中的字体字号大于14 px，移动设备中的字体字号大于20 px。

6.3.5　游戏界面设计的图标

游戏界面中包括设置、菜单、活动等图标，设计师需要根据游戏风格和图标设计规范进行设计。图6-165所示为部分游戏中的图标设计。

图 6-165

设计游戏界面中的图标时，根据拇指可接触范围，一般图标的尺寸不应小于44 px × 44 px，图标与图标之间的距离不能小于8 px。

6.4 游戏界面的常用类型

启动界面、主界面、设置界面、游戏界面、胜利界面和商店界面6种界面是游戏界面中常见的类型。下面将针对这6种类型界面进行介绍。

1. 启动界面

优秀的启动界面可以很好地抓住用户的眼球，奠定整个游戏的风格基调。游戏启动界面欣赏如图6-166、图6-167所示。

图 6-166　　　　　　　　　　　　　　　　　图 6-167

2. 主界面

主界面中包含了大量游戏的信息，以及一些图标按钮。合理的主界面元素搭配，可以帮助用户快速了解游戏，更易上手。主界面展示如图6-168所示。

3. 设置界面

用户可以通过设置界面按照个人习惯自定义游戏设置，以便更好地操作。设置界面展示如图6-169所示。

图 6-168　　　　　　　　　　　　　　　　　图 6-169

4. 游戏界面

游戏界面是用户进行游戏的主要界面。在该界面中，需要包括当前游戏的各项信息、道具、暂停图标等。游戏界面展示如图6-170、图6-171所示。

图 6-170   图 6-171

5. 胜利界面

胜利界面伴有一定的奖励及信息结算，可以很好地激励和鼓舞玩家。胜利界面展示如图6-172所示。

6. 商店界面

商店界面中包含游戏过程中所需要的道具等虚拟产品，用于提升用户实力。商店界面展示如图6-173所示。

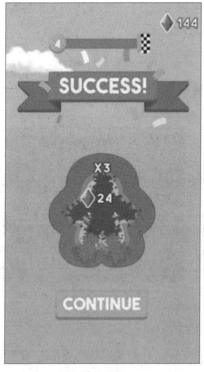

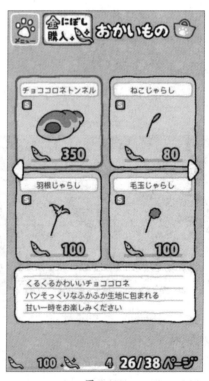

图 6-172   图 6-173

经验之谈 使用网格系统科学规划游戏界面

游戏通过创造体验给玩家带来乐趣，而UI设计师则是通过设计易用的界面给玩家带来更好的体验。在玩家手指触碰到第一个功能之前，界面布局就已经给玩家带去直观感受。好的界面设计不仅需要科学的规划和计算，同时也需要充满创意的形式感。

在游戏界面设计时，我们可以通过构建网格系统来进行设计，这样能够更快地解决设计中的问题，并让设计更具功能性、逻辑性和视觉美感，实现有序的规划和创意感并存的效果。

那什么是网格系统呢？简单地说，将一个平面等分成更小的单元格，然后对它们设置间距，这就是网格系统。系统地说，网格是用来编排界面元素的一种方法，主要目的是帮助设计师在设计界面时有明确的设计思路，能够构建完整的设计方案。网格可以让设计师在设计中考虑得更全面，能够更精细地编排设计元素，更好地把握界面的空间感与比例感。网格设计字面释义为安排均匀的水平线与垂直线的网状物，将事先设计好的网状格子，按照一定的间距均匀地分布在界面上，并根据形式法则合理地配置图片、文字。网格设计是建立在一定的比例关系和数字计算的基础之上的，所形成的网格要么具有重复美，要么具有韵律美。

网格设计程序可分解为三步。第一步，创建网格。第二步，依据网格自由选择使用方式。在使用中，可以将每一个网格单元都加以利用，也可以只利用部分网格单元。在每个网格项中，既可以全部占满，又可以部分利用。第三步，脱格完成。将网格利用完成之后，删除网格，留下内容。简单地看，网格设计就是这三个步骤，并不难理解，但在实际应用中却并非这么简单，是需要运用一定的技巧和经验的。

网格系统对于游戏界面设计具有以下作用。

1. 规划界面布局

比如战斗界面承载了大量的功能入口、玩家操作的按钮以及各种关键信息的显示，内容非常多。凭空设计难度很大，很难把控这种信息和操作按钮的尺寸和位置，而且缺乏说服力。而基于网格系统来规划这些信息的尺寸、布局、排版，可让设计更有说服力。

2. 规划界面、控件尺寸，形成规范

通过网格系统的支撑，来规划一级界面、二级界面、三级界面的尺寸，这样可使整个游戏的界面体系都基于网格系统来搭建，让整个游戏的界面体系更统一规范。

3. 规范字间距、行间距，处理信息排版

在大量的信息排版时，对于字间距、行间距来说，可以通过网格系统来规划处理内容的信息层级，也可以通过网格系统来划分区块，快速地得到多种布局方案的可能性。

网格的形式复杂多样，在编排版面的过程中，设计师发挥的空间很大，各种各样的编排结构都可能出现。网格设计的主要特征是能够保证界面的统一性。设计师根据网格的结构形式，能在有限的时间内完成界面结构的编排，从而快速地获得成功的设计。一个好的网格结构可以帮助设计师明确设计风格，排除设计中随意编排的可能，使界面统一规整。网格的建立不仅可以令设计风格更连贯，还可以衍生无尽的自由创作风格。

上手实操 兔子家族养成游戏界面的设计制作

本案例将练习制作兔子家族养成游戏的游戏设置界面、游戏商店界面和游戏胜利界面，涉及的知识点包括图形的绘制、蒙版的使用及图层样式的调整等。制作完成后效果如图6-174、图6-175、图6-176所示。

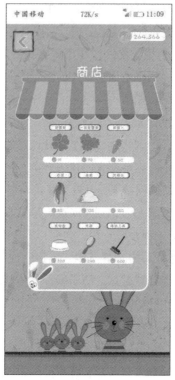

图 6-174   图 6-175   图 6-176

设计要领

- 导入素材文件，并进行复制调整
- 根据不同的界面要求，制作不同的界面细节
- 添加图标等元素，丰富界面